蜂产品与人类健康零距离丛书

蜂 蜜
与人类健康

（第2版）

彭文君 丛书主编

董 捷 延 莎 编 著

中国农业出版社
北京

图书在版编目（CIP）数据

蜂蜜与人类健康/董捷，延莎编著 . —2 版 . —北京：中国农业出版社，2018.6（2024.8 重印）
（蜂产品与人类健康零距离/彭文君主编）
ISBN 978-7-109-22703-3

Ⅰ.①蜂…　Ⅱ.①董…②延…　Ⅲ.①蜂蜜－保健－基本知识　Ⅳ.①S896.1

中国版本图书馆 CIP 数据核字（2017）第 002956 号

中国农业出版社出版
（北京市朝阳区麦子店街 18 号楼）
（邮政编码 100125）
丛书策划　刘博浩
责任编辑　王庆宁　张丽四

中农印务有限公司印刷　新华书店北京发行所发行
2018 年 6 月第 2 版　2024 年 8 月北京第 4 次印刷

开本：850mm×1168mm 1/32　印张：5
字数：208 千字
定价：25.00 元
（凡本版图书出现印刷、装订错误，请向出版社发行部调换）

再 版 自 序

蜜蜂是人类的良师益友，蜂蜜是人类的健康之友。蜂蜜是最天然的产品，它不是人类生产的，而是蜜蜂生产的，是自然的产物。"人法地，地法天，天法道，道法自然"，如果我们抛开了蜜蜂、植物、生态环境而奢谈健康，奢谈养生，无异于缘木求鱼。人与自然是应该和谐相处的，就像蜂蜜那么平和、甜蜜，这是人类健康的大前提，蜂蜜与我们的健康零距离。

蜂蜜的药用，最早见于《神农本草经》，列为上品，"除百病，和百药，久服强志轻身，不饥不老，延年"，千百年来的实践证明，古人没有欺骗我们。蜂蜜是这么好的神赐之品，但本书并不仅仅向您介绍蜂蜜，也想与您分享一些与蜂蜜、与蜜蜂、与自然相关的健康理念，通过自然的思维、兼容并包的思想了解自然的馈赠——蜂蜜，了解蜂蜜的自然属性和保健功能，零距离接触蜂蜜和蜜蜂。

随着人民生活水平的提高，人们越来越关注健康了。但在这个浮躁的年代，在这个知识爆炸、众说纷纭甚至是哗众取宠的年代，每天不知有多少耸人听闻的奇谈怪论，铺天盖地的"养生知识"误导着我们的思想，刺激着我们的神经。其中，在大众传媒中，有关营养和健康的话题是最多的，长寿食谱、饮食禁忌充斥了我们的生活，而且是众说纷纭，就连许多权威媒体也是今天这样说、明天那样说，这个专家一个观点、那个专家另一个观点，搞得人们无所适从，不知道到底应该相信哪种说法，慢慢地，很多追求健康的人连自然生活都不会了。这不是本末倒置了吗？

那么，我们到底应该怎样思考？我们相信专家，专家有分歧怎么办？我们相信科学，科学就意味着真理吗？科学不能解释的观点就都是错误的吗（况且科学也是不断发展的）？我们相信标准答案，是不是所有问题都有标准答案？健康的问题是不是非黑即白，非此即彼的呢？

英国生物学家朱利安·赫胥黎说过："人类对于外界的探讨和征服远远超过人类对自身的探索和征服。"换言之，人类对人体自身的了解仅仅是管中窥豹，知之甚少，那么我们为什么不能以一种谦虚的态度，兼容并包，为我所用呢——既接受现代医学的各种先进技术，又接受传统医学的整体观，接受经络、穴位等很难通过仪器设备检测到的事物；既接受现代营养学食品成分论，又接受传统养生学对食物寒热温凉的划分；只要对健康有利，我们为什么不给自己多一些选择呢？

这次再版，增加了第一章、第二章的相关内容，与您分享作者的一些认识和读书体会，以及一些与蜜蜂、与健康相关的背景知识，一起探讨蜂蜜、探讨健康。由于水平有限，定有许多不当之处，恳请批评指正。

健康永远不会屈从于各种道听途说以及标准答案，它只能服从于自然的法则。让我们了解自己，顺应自然！

中国农业科学院蜜蜂研究所　董捷

序一　蜂产品——人类健康之友

蜜蜂产品作为纯天然的保健食品和广谱性祛病良药，经历了上千年的市场淘沙而越来越被深入地研究和珍视。在国外，蜂产品更被人们所珍爱。欧洲国家将蜂产品作为改善食品，美国将蜂产品定义为健康食品，日本更是蜂产品消费的"超级大国"，蜂产品被视作功能食品和嗜好性产品。我国饲养蜜蜂的历史有几千年了，早在两汉时期，蜂蜜、花粉、蜂幼虫等就被当作贡品或孝敬老人的珍品，古典医著《神农本草经》《本草纲目》等均对蜂产品给予了极高的评价，将其列为上品药加以珍视。

随着社会的发展、科技的进步以及人们生活水平的提高，食品安全、营养健康日益成为全社会所关注的焦点。世界卫生组织的数据显示，世界70%的人群处于非健康或亚健康状态，因此有经济学家预言21世纪最大的产业将是健康产业。目前市场上营养保健食品种类繁多，而真正经得起历史和市场考验的产品寥寥无几。蜂产品就是最佳的选择之一。

近年来，广大消费者对蜂产品越来越青睐，对蜂产品知识也有了一定的认知，但还存在不少盲区乃至误区。食用蜂产品需要从最基础的知识开始了解，包括产品的定义、成分、功效、食用方法，以及对应的症状等，还应掌握产品的真假辨别方法。《蜂产品与人类健康零距离》丛书就是在上述背景下，由长期从事蜂产品研发、生产、加工、销售等各方面工作的行业精英组织编写而成的。根据各自亲身实践，学习并广泛吸取中外成功经验和经典理论，对蜜蜂产品分门别类，从其来源、生产、成分、性质、保存、应用以及质量检验和安全等方面进行论述，比较全面、客观、真实地向公众展示蜂产品及其制品的保健和医疗价值，正确评价和甄别蜂产品质量的优劣与真伪。此丛书是一套科学严谨、简洁易懂、可读性强、实用性强的蜂产品科学消费知识的科普读物。

　　真心祝贺该书著者为我国蜂产品的应用所做出的贡献，希望为您的健康长寿带来福音。

中国农业科学院原院长
国务院扶贫办原主任　　吕飞杰

序 二

我是蜜蜂科学工作者，对蜜蜂及其产品情有独钟。回想大学时学习的养蜂学、蜂产品学等课程，主要介绍的都是基础理论，很少见到具有实用性、趣味性的章节。从事科研工作以来，一直期望在科普世界里，能出现一些介绍蜜蜂及其产品的书刊。2011年中国农业出版社生活文教出版分社启动了《蜂产品与人类健康零距离》丛书的编撰工作，本人作为国家农业产业技术体系蜂产品加工岗位专家，有幸组织全国长期从事蜂产品研究和养蜂一线的部分专家参与到此项工作中，试图在我们科研实践的基础上，用通俗易懂的语言，逐步揭示蜜蜂世界的奥秘，揭开蜂产品与人类健康的神秘面纱。

在漫长的人类发展史中，健康与长寿一直是人们向往和追求的美好愿望，远古时代的先人在长期生产生活和医疗实践中，有意识地尝试各种养生保健方式，其中形成了独特的蜜蜂文化和蜂产品养生方式。

蜂产品作为人类最有效的天然营养保健品，已有5 000多年的历史。古罗马、古希腊、古埃及以及中国古代上流社会都把蜂蜜作为珍品使用，并且在古代药方中经常能见到蜂产品的身影。古埃及的医生将蜂蜜和油脂混合，加上棉花纤维制成软膏，涂在伤口上以防腐烂；在《圣经》《古兰经》《犹太法典》中都有蜂王浆制成药物的记载；1 800年前，张仲景所著《伤寒论》中将蜂蜜用于治病方剂，并发现蜂蜜治疗便秘效果良好；我国明朝时期医药学家李时珍著《本草纲目》中对蜂蜜的功效做了深入的论述，推荐用蜂蜜治病的处方有 20 余种，称蜂蜜"生则性凉，故能清热；熟则性温，故能补中；甘而和平，故能解毒；……久服强志清身，不老延年"。我国医学、营养保健专家对长寿职业进行调查并排序，其中养蜂者居第一位，第二至第十位分别为现代农民、音乐工作者、书画家、演艺人员、医务人员、体育工作者、园艺工作者、考古学家、和尚。因此，在 5 000 多年的人类历史长河中，蜂产品为人类在保健养生方面做出了不少有益贡献。

我国是世界养蜂大国、蜂产品生产大国、蜂产品出口大国，也是蜂产品的消费大国。随着我国国民经济快速发展和人民生活水平不断提高，蜜蜂产品早已进入寻常百姓家，日益受到广大群众和社会各界人士的关注。越来越多的人开始认识蜂产品，使用蜂产品，并享受蜂产品带来的益处。数以万计的蜂产品使用者的实践证明，蜂产品能为人类提供较为全面的营养，对患者有一定辅疗作用，可改善亚健康人群的身体状况，提高人体免疫调节能力，抗疲劳、延缓衰老、延长寿命，是大自然赐予人类的天然营养保健佳品。

在编撰本书的过程中，我想说的倒不是蜂产品有多么神奇，如何有疗效，我想强调的是它的纯天然。不管是蜂蜜、花粉或是蜂王浆、蜂胶，它们无一例外都是蜜蜂采自天然植物，经过反复酿造而成的。正因为它的天然才让人吃得更放心。我从事蜂产品研究工作多年，知道它是好东西，所以愿意和您一同分享，让您做自己"最好的保健医生"。但愿营养全面、功效多样的蜜蜂产品，带给您健康长寿、青春永驻、幸福快乐！是为序。

彭文君

目　　录

第一章

蜜蜂、蜂蜜知多少

第一节　蜜蜂与植物世界

　　蜂蜜是由蜜蜂酿造的，想了解蜂蜜，先要知道蜜蜂；关注健康，首先要关注我们生存的环境，而蜜蜂堪称生态环境的指示器，并且与植物协同进化，与生态环境密切相关。蜂蜜与健康话题的背后，实质上是蜜蜂与生态。

　　我们赖以生存的是一个巨大的、多种动植物交织在一起的五彩斑斓的生命世界，人类与这些生物生活在同一片蓝天之下。对人类、对健康最大的威胁不是来自自然界，而是来自人类对自然认知的局限性。

　　蜜蜂酿造蜂蜜，采集蜂花粉，分泌蜂王浆，这些蜂产品的保健功能几乎家喻户晓，但这仅仅是蜜蜂对人类贡献的一小部分。蜜蜂是采花酿蜜传花授粉的有益昆虫，通过蜜蜂授粉，可以极大地提高农作物和果蔬的产量，提高农产品的品质，不仅如此，蜜蜂更是维护生态环境平衡和促进生物多样性的大功臣。

　　在对自然系统及其脆弱性缺乏详细了解的情况下，人类的过度开发，已经破坏了大自然的生态系统，这种情况下，蜜蜂对人类更加重要。没有蜜蜂就意味着绝大多数农作物缺乏授粉，没有授粉就没有果实，没有种子。

如果蜜蜂遭遇了不幸，那么下一个就是我们人类。已经有不少事件暗示蜜蜂出现了问题，例如近年来发生的蜜蜂消失现象（colonies collapse disorder，简称 CCD）。

2006 年，美国首先报道发生蜜蜂消失现象，随后在欧洲各国相继发现类似的现象。美国加利福尼亚州、佐治亚州、宾夕法尼亚州、威斯康星州和俄克拉荷马州等 24 个州以及加拿大部分地区都发生过 CCD 案例，造成了至少 35％的蜂群损失。德国、瑞士、比利时、法国、荷兰、波兰、希腊、意大利、葡萄牙及西班牙等国也相继出现类似的现象。欧洲地区蜂群损失参差不齐，据调查蜂群损失 1.8％ ～ 53％，而中东部地区的蜂群损失达到 10％ ～ 85％。

CCD 现象的典型症状是：蜂巢内没有蜜蜂了，蜂巢是蜜蜂的家，蜜蜂们纷纷离家，就意味着蜂群的死亡。而且是"活不见蜂，死不见尸"，蜂巢内不仅没有蜜蜂，而且仅有少量或完全没有蜜蜂尸骸。蜂巢内有幼虫，就是没有羽化出房、嗷嗷待哺的蜜蜂宝宝，蜜蜂遗弃幼虫，弃巢不顾了。至今没有人能确切地解释 CCD 现象，即蜜蜂为什么会消失。

CCD 现象虽然没有发生在中国，但也是对我们的警示。由此，我们应该更好地了解蜜蜂，并通过它们对自然界的复杂性有更广泛的认识，这是我们了解自然、关注健康的开端。

蜂群中有成千上万的工蜂，社会生活却有条不紊；它们巢穴规则的几何学结构也一样具有强大的魔力。由于对农作物的授粉贡献巨大，蜜蜂已经成为除了牛和猪之外，欧洲第三大最有价值的家养动物，而鸡排在了第四位。

蜜蜂不仅是农业生产的重要帮手，更是环境状况的指示器，是人类与自然和谐相处的见证。人类关注自身的健康，首先要关注蜜蜂，关注自然，否则就是本末倒置。总之，蜜蜂是人类的良师益友，蜂蜜是人类的健康之友。

一、中国是蜜粉源植物大国

我国是植物种类最丰富的国家之一，因而蜜粉源植物种类繁多，且分布面积广。

据农业部门统计，在1.036亿公顷的耕地上，约有蜜源作物0.3亿公顷，在4.04亿公顷的森林和草原上，至少有1亿公顷优质蜜粉源树种和牧草蜜源，这些蜜粉植物加起来，载蜂量在1 500万群以上，为目前饲养量的2倍。

据普查，全国可利用来养蜂的蜜粉源植物约有14 000种，分属于110科、394属，有作物、蔬菜、瓜果、牧草、花卉、药材、林木、香料等种植类植物和野生类植物。其中，可提供大量商品蜜的主要蜜源植物有44种之多（全世界约有100余种），这是其他国家所没有的。

极其丰富的蜜粉源植物每年的春夏秋冬都在分泌大量的花蜜和花粉，等待蜜蜂或其他昆虫去采集和利用，如不采集，不利用，经风吹日晒，也就干枯，白白浪费了。尤其是花中的花蜜和花粉，被蜜蜂采完后，过不久又会分泌出来，从开花到花谢都是如此。所以，可以毫不夸张地说：我国的蜜粉源是取之不尽、用之不竭的，为发展我国养蜂生产提供了丰厚的物质基础。

但是近些年来，由于人口的增加、城镇的不断扩大，农村耕作制度和方式的变化以及植被的破坏，使得全国各地蜜源植物面积大量减少，如东北地区优良的椴树、胡枝子蜜源，华北地区的刺槐等。不少地方原来是花期连续不断，现在变成断断续续的单蜜源。另外农作物和果树蜜源植物，大量施用化肥和农药，也造成了蜜源植物泌蜜量的减少。蜜源不足，蜂农的养蜂成本就会提高，劳动量也会增大，收入还会减少。

由于环境污染，二氧化碳排量放加大，全球气候日趋恶化，加上一些地区生态环境破坏严重，水土大量流失，旱涝灾害频繁，恶劣的生态条件和气候都对养蜂生产带来很大的影响。

蜂农在养蜂生产过程中面临着自然灾害、蜜蜂农药中毒、蜂病疫情、偷盗、交通事故等诸多风险，风险发生率较高且损失严重，使得养蜂业成为一个风险极大的农业弱势产业。

蜂农收入受气候、蜜源条件、蜂产品价格等方面影响比较大，收入低又极其不稳定，养蜂业基本上还停留在靠天吃饭的阶段，使得年轻人越来越不愿意养蜂。养蜂业面临着蜂农年龄老化且后继无人的状况，这些都直接影响了养蜂业的健康发展。如果这种状况得不到有效的改善，最终会影响蜜蜂、影响环境以至于影响到人类的生存和发展。

二、中国是蜂种资源大国

我国蜂种资源丰富，一般认为蜜蜂属内有九个种（也有其他划分法），原产我国的就占了六种，即西方蜜蜂 Apis mellifera、东方蜜蜂 Apis cerana、小蜜蜂 Apis florea、大蜜蜂 Apis dorsata、黑小蜜蜂 Apis andrenifomis、黑大蜜蜂 Apis laboriosa。

我国是世界第一养蜂大国，饲养西方蜜蜂约 600 万群；中华蜜蜂（Apis cerana cerana 属东方蜜蜂的东亚类型，简称中蜂）200 多万群；除 200 多万群家养中蜂外，我国蕴存的野生中蜂至少还有约 200 万群有待于人们去驯养、利用。

此外，在我国的云南、西藏、海南、广西等地还蕴藏着小蜜蜂、黑小蜜蜂、大蜜蜂和黑大蜜蜂四个野生蜜蜂种，这四种蜜蜂采蜜力极强，抗逆性极好，有待于研究和利用，以最大限度地发挥我国蜂种的资源优势。蜂种资源不仅是养蜂生产的物质基础，也是植物多样性和良好生态环境的保障，有了优秀的、丰富的蜂种资源，发展养蜂才有牢靠的基础，植物多样性才能得到保护。

（一）西方蜜蜂（Apis mellifera）

我们养蜂业历史悠久，已经有 3 000 多年的历史。但是在19 世纪以前，一直饲养中华蜜蜂并逐渐形成了我国中华蜜蜂的养殖特点（原产于我国的西方蜜蜂只存在于新疆地区，也是2016 年才被证实的）。直到 19 世纪初，随着西方蜜蜂和活框养蜂技术的引进，我国的养蜂生产进入了一个新的发展阶段，西方蜜蜂现已成为我国养蜂生产上的主要蜂种，并且，经过长期的风土驯化及自然选择，已形成了一些适应我国生态环境的地方良种，如分布于我国东北北部的东北黑蜂，经济性状好，且抗病力强，蜂蜜产量高。这些优良品种都是蜜蜂育种的好素材。

因此，现在市场上的绝大多数蜂蜜，也是通过人工饲养的西方蜜蜂生产的，与我国古籍上记载的蜂蜜略有不同。

一直以来，我们都认为西方蜜蜂是引进的蜂种，一直没有在我国本土发现，而且世界上的西方蜜蜂多为家养状态，野生蜜蜂已经非常罕见。直到 2016 年，中国农业科学院蜜蜂研究所育种团队在新疆伊犁哈萨克自治州（后简称为"伊犁州"）发现了野生（世界罕见）状态下的西方蜜蜂，它们仅分布于天山山脉，所以只存在于新疆地区，一直没有被发现。

中国农业科学院蜜蜂研究所蜜蜂资源与遗传育种研究室石巍研究员领衔的研究团队，报道了该团队在我国首次发现的西方蜜蜂新亚种——西域黑蜂（Apis mellifera sinisxinyuan），及运用重测序技术，从基因组水平上揭示的西域蜜蜂对温带气候的环境适应性机制研究。

过去普遍认为西方蜜蜂的分布范围在中亚、非洲和欧洲地区，中国没有西方蜜蜂的自然种群。而该研究首次在中国新疆地区发现了原生的西方蜜蜂种群，并通过基因组学手段将该群体确立为新的亚种，并发现其与欧洲黑蜂（A. m. mellifera）

有较近的亲缘关系。

西域黑蜂分布我国新疆的新源地区，对寒冷的环境具有较强的适应性。该研究发现该群体历史上有限群体大小变化受到地球温度波动的强烈影响，在地球温度较低时群体大小达到峰值。进化分析进一步揭示了蜜蜂适应寒冷环境的遗传机理，鉴定出一系列与蜜蜂抗寒相关的基因，发现脂肪体和Hippo信号通路可能在群体对寒冷环境的适应上起到重要作用。

该研究成果结束了我国没有西方蜜蜂自然种群的历史，为西域黑蜂遗传资源的保护提供了理论基础，具有重要的理论和实践意义，标志着蜜蜂所在蜜蜂种质资源与进化领域的研究达到了国际先进水平。

西域黑蜂形体大，喙短，耐严寒，因长期野生生长于伊犁州地区，对当地自然生态环境适应性强，抗病力强，病虫害少，既能很好地利用零星蜜源，也能充分利用大的商品蜜源。

新疆野生蜜蜂的存在分布虽在历史典故中没有详细阐述，但对蜜蜂以及蜂蜜都有相应的记载，在哈萨克语中会有"巴勒卡伊马克"这一词汇，直译即指蜂蜜和奶油，"巴勒卡伊马克"也常用于形容美味和美好的生活。

产生于公元3—4世纪，国家第一批非物质文化遗产，中国三大史诗之一的《玛纳斯》中也对蜜蜂和蜂蜜有着极其生动的描写，在欢乐游戏，宰杀马驹参加"希尔乃"聚会，欣赏毛绳拔河比赛等活动中；英雄玛纳斯长大成人的过程中；城堡中的生活；以及其他各种欢庆的场面中，都有吃蜂蜜的记载，用蜂蜜搅拌马奶香气四溢。

（二）中华蜜蜂（Apis cerana cerana 属东方蜜蜂的东亚类型）

中华蜜蜂，简称中蜂，属东方蜜蜂的东亚类型，土生土长的中华蜜蜂，遍布我国大江南北。

由于 19 世纪引进西方蜜蜂并不断扩大饲养范围，中蜂的数量及分布范围比历史上大大缩小，亟待重新认识和保护。

对任何优良蜂种的评价，不仅要从经济方面考虑，还要从适应当地自然环境和实现饲养管理条件方面考虑，也就是用将二者结合在一起的法则进行考察和评价。如同一方水土养一方人一样，一方水土养一方蜜蜂。中华蜜蜂的很多特性与中国人非常"相似"。比如分布广、数量多、野生状态下生命力更顽强、个体小、灵活敏捷、饲料消耗相对较少、抗病力强、善于低温飞行，比西方蜜蜂更勤劳等。

1. 蜂种资源十分丰富

如同我国人口众多，地大物博。中华蜜蜂的蜂种资源十分丰富，目前中蜂主要集中在长江以南各省的山区、半山区，尤其是山区。此外，在东北的长白山、西北的黄土高原、青海的东南部、西藏南部等地区以及华北的太行山、燕山山脉也都有中蜂，可以说，全国除新疆以外各省均有中蜂。

更为难能可贵的是，我国南方山区林区蕴藏着丰富的野生蜂种资源，可以收捕来家养。而在世界上，已经很难找到野生状态的西方蜜蜂了。中华蜜蜂处于半野生状态，既可以脱离人工自己生存，又可以人工饲养，用于养蜂生产。

南方很多山区都流行"养（中）蜂不用种，只要勤作桶"或是"卖蜂不卖桶，有桶就有蜂"的说法，说明这些地方野生中蜂资源丰富。当地许多农民都有一套收捕野生中蜂的办法和经验，并以收养中蜂作为季节性生产活动和副业收入。

2. 中蜂特别适应在我国南北方广大山林地区生长

我国南方，夏季气候炎热，山区蜜源稀少，胡蜂等敌害多，在这些地方如果饲养西方蜜蜂，常会由于上述不利因素的影响而使蜂群群势大量削弱，甚至全场覆灭；而中蜂飞行灵活敏捷，善于巧避胡蜂的危害，炎夏期间还有在清晨或黄昏进行采集活动的习性，加上善于利用零星蜜粉源，群势保持较西蜂好，很少有全群覆灭的现象。

3. 中蜂个体耐寒性强

中蜂个体耐低温能力较西方蜜蜂强。气温在 7℃就能出巢飞行采集，而西蜂要 12℃以上。

中蜂冬季能采集利用南方山区的优质蜜源——枇和八叶五加的花蜜，而西蜂却不能采集。中蜂的群体耐寒性也很强，在东北长白山的集安、长白等地，冬季极端低温在零下 30℃多度，野生中蜂在森林的树洞中依然能过冬，春天出洞时生机勃勃。

4. 中蜂较稳产

中蜂虽然个头比西方蜜蜂小，但飞行敏捷，勤劳，嗅觉灵敏，善于采集分散的小蜜源，加上中蜂的产卵育子能根据蜜源多少的变化自行调节。因此，中蜂的饲料消耗相对较少，一般不需要喂饲，即使在蜜源条件相对较差的地方，粗放管理，也能有产出，具有"大年丰收，平年有利，歉年也不赔"的稳产性能。而在冬季蜜源丰富的山区，饲养中蜂则是一项有稳定收获的副业。

5. 中蜂抗螨

蜂螨寄生对西方蜂种会造成严重的危害，甚至造成全群毁灭；而中蜂具有天然的抗螨性，蜂螨寄生并不会对其造成危害，在自然情况下能正常繁殖和生产，这是中蜂具有独特的优越之处。

6. 中蜂的缺点

中蜂分蜂性强，不易养成强群；爱毁旧脾，清巢性弱，易受巢虫危害；性情燥，盗性强，易弃巢逃亡，失王后易发生工蜂产卵；生产王浆困难，不出产蜂胶，蜂蜜产量低等。因此，中蜂蜜（也有人称之为土蜂蜜）价格往往也比较高。

（三）我国的其他蜂种

我国地域广阔，从南端的海南岛到北端的黑龙江，地跨热带、亚热带、温带、寒温带四个气候带，气候多样。纬度的差异，以及地形的多样造成海拔高度的不一。在这种特殊地理、生态环境下，不仅有东方蜜蜂和西方蜜蜂这两大蜂种，还生存繁衍着大蜜蜂（*Apis dorsata* Fabricius，1793）、小蜜蜂（*Apis florea* Fabricius，1787）、黑大蜜蜂（*Apis laboriosa* Smith，1871）、黑小蜜蜂（*Apis andrenifomis* Smith，1858）这四大野生蜂种，它们都是亚洲独有的，我国的 6 种蜜蜂，既涵盖了体型最大的大蜜蜂和体型最小的黑小蜜蜂，又囊括了地理分布最为广泛的东方蜜蜂和西方蜜蜂。因此，我国是体现蜜蜂物种多样性最为丰富的国家之一，我国的蜜蜂是全球蜜蜂遗传资源的重要组成部分。

三、蜜蜂种类知多少

中国家养的蜜蜂有两种，一种是中国各地土生土长的蜂种——东方蜜蜂（*Apis cerana* ），另一种是由国外引进的蜂种——西方蜜蜂（*Apis mellifera*），它们在分类学上属于节肢动物门（Arthropoda）、昆虫纲（Insecta）、膜翅目（Hymenoptera）、细腰亚目（Apocrita）、针尾部（Aculeata）、蜜蜂总科（Apoidea）、蜜蜂科（Apidae）、蜜蜂亚科（Apinae）、蜜蜂属（*Apis*）。有学者认为，蜜蜂属分 3 个亚属，即小蜜蜂亚属（*Micrapis*）、大蜜蜂亚属（*Megapis*）和穴居蜂亚属（*Apis*），但多数学者不同意这一观点。目前，学术界比较一致的看法是，蜜蜂属现存 9 个种，即 大蜜蜂（*Apis dorsata* Fabricius，1793）、小蜜蜂（*Apis florea* Fabricius，1787）、黑大蜜蜂（*Apis laboriosa* Smith，1871）、黑小蜜蜂（*Apis andrenifomis* Smith，1858）、东方蜜蜂（*Apis cerana* Fabricius，1858）、西方蜜蜂

（*Apis mellifera* Linnaeus，1758）、沙巴蜂（*Apis koschevnikovi* Butter-Reepen，1906）、绿努蜂（*Apis nulunsis* Tingek. Koeniger and Koeniger，1996）和苏拉威西蜂（*Apis nigrocincta* Smith，1861）。它们自然分布于亚洲、欧洲和非洲，这9种蜜蜂，除西方蜜蜂以外，其他8种蜜蜂都分布在亚洲。

它们的属征包括：体和复眼被密毛；前翅3亚缘室；后翅轭脉及臀脉间凹浅；后足胫节无距；工蜂后足胫节及基跗节形成花粉篮；营社会性生活；泌蜡筑造纵向双面具有六角形巢房的巢脾；贮蜜积极等。

对于蜜蜂属内种的确立，研究者基本上采用的都是生物学种的标准，有时也使用进化种的概念。生物学种主要依据是否存在生殖隔离，而进化种的概念同时综合了系统发育的结果。

四、蜜蜂与植物关系亲密

显花植物出现在地球上已经有1.3亿年之久了。风是最初的授粉者，靠风来授粉，植物的交配效率是非常低的，而且需要大量的花粉。风媒授粉是漫无目的的，多数情况下不能成功。在无风的区域，这种授粉方式根本没有任何作用。

常见的传粉昆虫有蜂类、蝶类、蛾类和蝇类。这些昆虫往来于群花之间，在活动过程中与各类花药接触，虫体周身沾满花粉，当昆虫飞到别的花朵上时，即将花粉粒带到其他花的雌蕊柱头上，由此实现传粉。

虫媒是最高级的传粉方式，它具有最高的授粉效率，其优势在于：博采众长，靶向明确，花药量大，粉质鲜活，成功率非常高。虫媒受精发育的果实个匀、味美、数量多、品质好，深受人们喜爱。

蜜蜂与显花植物协同进化，在这个过程中，形成了专以植物的花蜜和花粉为食物的特殊生活习性，其生理结构发生了适应性变化，具备了采花授粉的各种条件，是自然界最理想的授粉昆虫。

据统计，全球约 16 万种显花植物中，由昆虫授粉的约占 80％，而这其中的 85％靠蜜蜂授粉。与人类密切相关的各种果树，90％依赖蜜蜂授粉；与我们衣食有关的粮、棉、油、茄果类菜蔬、有花牧草，都可得到蜜蜂授粉。如果没有蜜蜂授粉，约 4 万种植物会繁育困难、濒临灭绝。

蜂蜜的物种多样性是非常小的，蜜蜂属已知的蜂种只有 9 个，这其中有 8 种蜜蜂仅仅生活在亚洲，而只有一种西方蜜蜂 （Apis mellifera）生活在亚洲之外的其他地区，它们又形成了能互相杂交的许多种族。由于人类的活动，西方蜜蜂已经遍布世界各地，19 世纪西方蜜蜂大量被引进中国。

只有一种蜜蜂生活在欧洲、美洲和非洲，种类如此稀少的种群对地球面貌的巨大影响，足以说明蜜蜂在生物界的重要性。蜜蜂属中已知的 9 种蜜蜂，中国居然拥有 6 种，这就不难解释中国这片神奇的土地为什么能够成为世界植物的王国。

（一）蜜蜂是植物界的支配者

蜜蜂为植物授粉，在植物界扮演支配者的角色，这与人类在地球上扮演的角色非常相似。

在世界的大部分地区，蜜蜂是显花植物最重要的授粉者，也是授粉效率最高的昆虫。全世界 80％的显花植物靠昆虫授粉，而这其中的 85％靠蜜蜂授粉。90％的果树靠蜜蜂授粉。如果没有蜜蜂的传粉，约有 4 万种植物会繁育困难，从而濒临灭绝。

也就是说，全世界的绝大多数花朵仅仅靠 9 种蜜蜂来授粉，而在亚洲以外的大多数显花植物，只有西方蜜蜂这一种蜜蜂授粉。为什么会是这样？

1. 蜜蜂与植物互利共生

在长期的自然选择和协同进化过程中，开花植物和传粉蜜蜂之间形成了相互依存、互惠互利的关系。蜜蜂以植物的花粉和花蜜为食，通过采集花粉，同时起到为植物传粉受精的作用。从生态学的观点看，植物花的气味、颜色和泌蜜，目的在于引诱昆虫为其授粉，花蜜和花粉可以看作是植物对授粉者的奖赏。

植物为蜜蜂提供食料：花粉是蜜蜂所需蛋白质的主要来源，花蜜是蜜蜂能量的主要能源。花粉和花蜜对于蜂群繁殖和活动有着极其重要的作用。

2. 植物对蜜蜂的吸引

植物由不显花进化到显花，花瓣由小发展到大，这都是吸引昆虫为植物授粉的表现，蜜腺在花部发展，以蜜为主要食物的蜜蜂类昆虫必须到花上才能吸到花蜜，花瓣扩大便于蜜蜂采访时着落，这也是对蜜蜂的一种适应。

从蜜蜂对颜色的反应来看。自然界植物与蜜蜂存在着一种和谐的关系。蜜蜂对鲜红花色反应迟钝，在大自然界中，绝大多数植物的花都是黄色和白色的，这正是对蜜蜂显眼的色彩。显花植物产生大量的物质，如花蜜、花粉。它们似乎变成对蜜蜂最有力的诱引剂，花蜜是含有糖和少量其他物质的溶液，无疑地，花蜜能够吸引传粉昆虫（主要是蜜蜂），这样就完成了授粉。

植物分泌花蜜主要是为了吸引传粉昆虫，这样就能完成授粉。花的气味帮助蜜蜂多次落在同种植物的花上，于是，就促使了杂交授粉。

花朵是固定的，蜜蜂是运动飞翔的。当蜜蜂蜂群接近花朵时，不同的植物物种为了得到蜜蜂的访问而竞争。较大的和色彩比较丰富的花朵对蜜蜂更有吸引力，所以在竞争中能吸引到更多的采访者。

然而在这种情况下，开小花的植物能吸引蜜蜂吗？开小花的植物主要是通过以下途径吸引蜜蜂。

通过摆动吸引蜜蜂的视觉　　小花通常由较为灵活的茎来支持，微风就能够把它们吹动，从而吸引蜜蜂的注意（图1）。

图1　小花（小花也会受到蜜蜂的关注）

在纤细茎上的小花随着最轻微的微风摆动，吸引蜜蜂的视觉动作检测系统。这样，尽管它们尺寸较小，颜色苍白，但仍然会被蜜蜂注意。

早开花植物更能吸引蜜蜂　　每年的春天，随着气温逐渐升高，那些早春开花的植物们也纷纷从树梢，从地面露出小脑袋，绽放花苞。或红或黄的花朵在春日暖阳照耀下随风而舞，着实抢足了风头。

早春开花的植物有草本和木本两大类。

草本植物　　草本植物包括番红花、雪滴花、侧金盏、紫花地丁等（图2），他们为何要开得这样早呢？因为这时大多数乔灌木都没有发芽长叶，因此有充沛的阳光供其生长，另外，早开花的植物几乎都是虫媒花，赶早开花可以吸引那些饿了整整一冬天的昆虫尽情采蜜授粉，大大提高了自己的结实率。

它们的共同特点是植株矮小，这是因为在早春寒冷的天气下，紧凑的株型可以降低低温的威胁，更有利于其存活；很多早春开花的植物都是球根花卉，例如番红花、雪滴花等，它们膨大的地下茎早已储存好了充足的养分用以越冬和开花，因此才能在早春拔得头筹；由于它们体型都比较小巧，因此花色大都比较鲜艳，这样有利于昆虫发现它们并为之授粉。

图2　那些早开花的植物：侧金盏，紫花地丁，番红花和雪滴花

木本植物　　木本植物多数都是先长叶后开花结果，但是也有部分不按常理出牌的家伙，即先开花后长叶。例如山桃（图3），其花芽早在前一年冬天就分化好了，待到早春温度稍有回升就立刻绽放芳容，其主要目的也是吸引昆虫为其授粉。和山桃策略相同的植物还有迎春花、连翘、山茱萸等。

图3　早春的山桃花和蜜蜂

这些早开花的花朵，以她们的颜值待到百花盛开时获得蜜蜂青睐的概率就小多啦！

花朵不仅色彩丰富，而且用甚至我们都能闻到的独有的气味来吸引蜜蜂的注意，蜜蜂又是花朵最重要的目标群。蜜蜂的"鼻子"是由几千个感觉细胞在她们的触角上组成的，在电镜下，我们能看到这些感觉细胞的差异。

蜜蜂的触角布满了各式各样的感觉接收器。对触觉、温度、湿度和最重要的嗅觉的感受细胞都位于这里。不同的数以千计的感受器的出现，反映了蜜蜂敏感性的广度和多样性。

花的味道在很远的地方就能引诱蜜蜂，相反，她们的视觉形象只有在蜜蜂飞得很慢，离得很近才能被感知到。在无风的情况下，花的气息不能很好地扩散开来，这就不能帮助蜜蜂很好地定位；当空气流动起来并把气体分子传播开来时，就能把蜜蜂引导到花的身边。

蜜蜂是寻着花的气味来寻找采食地点的。有时候，蜜蜂首先嗅到了采食地花的芬芳，却还不能立刻找到采食地，在这种情况下，蜜蜂会在空中打转，直到微风吹来花朵的芳香，把蜜蜂带到采食地点。

（二）蜜蜂对植物的适应性

1. 蜜蜂具有适合授粉的形态结构

蜜蜂在采集花蜜和花粉的同时，起到为植物传粉受精的作用。在植物花朵和蜜蜂的长期协同进化过程中，蜜蜂逐渐形成了适合于授粉的形态结构（图4）。如蜜蜂的喙较长，能够适应多种花朵的采集；蜜蜂周身密布绒毛，有的还呈分叉羽毛状，便于黏附花粉；蜜蜂足上生有灵巧的花粉刷、花粉栉、花粉耙和花粉筐，易于花粉的收集和携带。而且，蜜蜂的这一形态结构在采集花蜜和花粉时不会损伤植物花朵。植物的花蜜泌于花的基部，有的合瓣花的花瓣形成管状，蜜蜂的长吻无疑是吸取花蜜的一种适应。

- 蜜蜂是最理想的授粉昆虫
- 蜜蜂与植物协同进化过程中，形成了专以植物的花蜜和花粉为食物的特殊生活习性，其生理结构发生了适应性变化：

口器——嚼吸式
后足——特化为携粉足
周身——密布绒毛 据计算，一只蜜蜂周身所携带的花粉可达500万粒之多。

图 4　蜜蜂的结构适合授粉

2. 授粉专一性

蜜蜂在一次采集飞行中，只采集同一种植物的花粉和花蜜。对保持植物物种稳定性非常重要。花朵"外观"和"气味"的特征能够以不同方式结合。色彩、形状和气味互相补充形成了一种花独有的特点。蜜蜂可以分辨这个特点并利用它来区别不同种类的花。这种区分能力叫作"花朵专一性"现象。这个现象对蜜蜂和花朵都非常重要。采集蜂并不像蝴蝶或是苍蝇那样毫无区分地采访每朵路遇的花朵，而是优先访问她们飞行时访问过的那种显花植物。

对植物来说，这种授粉专一性有着重要的优势，因为它们的花粉不会浪费在其他物种的花朵表面上。对于蜜蜂来说，花的专一性就使得蜜蜂适应了采访过的花朵的类型，使得快速得到花蜜成为可能。

3. 适时授粉

在长期的自然进化过程中，蜜蜂形成了具有识别成熟花粉的能力。即蜜蜂通常只采集成熟度最佳的花粉，使植物在花粉活力最强的时候进行适时授粉，完全受精。而电动授粉和人工蘸花授粉都是机械的定时操作，很难保证大部分花朵在花粉活力和柱头活力最佳的时候进行授粉，从而影响授粉植物籽实的产量和质量。

由观察得知，熊蜂为茄科植物番茄、茄子、甜椒等授粉后，会在雄蕊上留下颌咬的暗棕色痕迹，有利于其辨认是否采集过，从而提高授粉效率。

4. 充分授粉

蜜蜂携带着花粉团在不同植株间采集，能使大量的异花花粉粒落在雌蕊的柱头上，保证足量的花粉萌发，形成花粉管，达到充分受精。而且，蜜蜂具有储食性和采集专一性，能够不断地在大面积开花的同种植物上采集花蜜和花粉，保证这一植物的充分授粉。

5. 异花授粉的主力军

蜜蜂为植物授粉：异花授粉是一种进化现象，对繁衍后代更有利。异花授粉的植物主要为风媒花和虫媒花，其中风媒花约占 10%，大部分为虫媒花。在众多的授粉昆虫中，蜜蜂具有独特的形态结构和生物学特性，在虫媒花中起主导授粉作用，对雌雄同株、雌雄异株、雌雄蕊异位、雌雄蕊异长和自花不孕的异花授粉植物，效果更为显著。

五、丰富的蜜粉源植物和蜂种资源是发展养蜂业的基础

我国蜜粉源植物种类繁多，且分布面积广。据农业部门统计，在 1.036 亿公顷耕地上，约有蜜源作物 0.3 亿公顷，在 4.04 亿公顷的森林和草原上，至少有 1 亿公顷优质蜜粉源树种和牧草蜜源，这些蜜粉植物加起来，载蜂量在 1 500 万群以上，为目前饲养量 2 倍。

据普查，全国可利用来养蜂的蜜粉源植物约有 1 4000 种，分属于 110 科、394 属，有作物、蔬菜、瓜果、牧草、花卉、药材、林木、香料等种植类植物和野生类植物。其中，可提供大量商品蜜的主要蜜源植物有 44 种之多，这是其他国家所没有的。

绝大多数药源植物同时又是蜜粉源植物，蜜蜂在采集过程中无疑将药源植物的植物化合物富集于蜂蜜之中，丰富的植物化合物赋予中国的蜂蜜在科学研究中以"神奇"的药理学作用。因此，我国也是出产珍贵蜂蜜品种的主要国家之一。

春天，当东北大地还是白山黑水时，南方的海南岛、广东、广西、云南、福建等地已是百花吐艳，蜂群已经开始繁殖或采蜜，而7～8月盛夏，当南方因酷热蜜源稀少时，华北、东北和西北等地广大地区，正是椴树、油菜、荆条等开花流蜜季节。极其丰富的蜜粉源植物每年的春夏秋冬都在分泌大量的花蜜和花粉，等待蜜蜂或其他昆虫去采集和利用，可以毫不夸张地说：我国的蜜粉源真是取之不尽、用之不竭，它为发展我国养蜂生产提供了丰厚的物质基础。

第二节　蜂蜜来自哪里

一、蜂群里的那些事

蜜蜂是一种有趣的昆虫，它们过着群居生活，最小的生活单位是一个蜂群，也称为一群蜂。一群蜂就像一个社会，我们把这样的昆虫称为社会性昆虫。在自然界，像蜜蜂这样过群居生活的昆虫是不多见的。其实蜜蜂的社会更像是一个家庭或是国家。一群蜜蜂中有3种类型的蜜蜂存在，它们分别是蜂王、工蜂和雄蜂（图5）。

蜂王和工蜂的卵是完全一样的，都是经过受精产生的雌性蜂卵，所以蜂王和工蜂的本质都是雌性蜂。

蜂王，更确切地应该称之为母蜂，是蜂群中唯一生殖器官发育完善的雌性蜂。蜂王从卵开始到发育为成蜂的整个过程吃得都是高级食品——蜂王浆，所以它的整个发育过程比工蜂和雄蜂都要短，只需要16天。

图5 蜂群里的蜂王、工蜂和雄蜂

蜂王浆决定蜂群内雌性个体的级别分化。"级别分化"是社会性昆虫发育学上的一个专有名词，是指先天在遗传学上本质相同的卵，后天发育成不同生理类型成虫的现象，就蜜蜂而言是指由受精卵发育成蜂王或工蜂的现象。

蜂王和工蜂都是由受精卵发育而成的雌性蜂（或者说蜂王是性器官发育完善的雌性蜂，而工蜂则是性器官发育不完善、无生殖能力的雌性蜂或者可称为中性蜂），产在王台内的受精卵，哺育工蜂用蜂王浆进行喂饲，在整个幼虫期间吃的都是蜂王浆，它们的生殖器官及相应的组织系统都能获得充分的发育，化蛹、羽化之后的成虫是具有正常生殖能力的蜂王；而那些在工蜂房内生长的受精卵，孵化之后的头三天，哺育工蜂分泌蜂王浆进行喂饲，从第三天开始逐渐改用蜂粮（蜂蜜加蜂花粉）喂饲这些幼虫，仅仅是因为后天吃的食料在质和量上与王台中的幼虫不同，这些在工蜂房里生长的受精卵的发育就发生畸变，与生殖性能有关的器官受到抑制，化蛹、羽化之后的成虫是没有生殖能力的工蜂。所以说蜂王浆在蜂群中决定着雌性蜂的级别分化。

雄蜂是由未受精卵发育而成的。在蜂群中，雄蜂不是一年四季都有，一般只是出现在繁殖期的晚春和夏秋季节，消失于秋末，冬季在蜂群里则绝少能找到它的身影。一个蜂群里，雄蜂的数量一般是几十只到几百只，很少超过千只，数量多了没有用，还会让蜂群供养不起。因为雄蜂不参与劳动，不生产蜂蜜，而且整天吃喝玩乐地游荡。它们唯一的用途就是与处女王交配，完成了交配任务也就随即丧失了作用（图6、表1）。

蜂王　　　　工蜂　　　　雄蜂

图6　蜂王、工蜂和雄蜂的形态

表1　蜂群中的3种蜜蜂是怎样发育的

	三型蜂的发育时间（天）				寿命
	卵期	幼虫期	蛹期	羽化出房	
蜂王	3	5	8	16	5～6年
工蜂	3	6	12	21	30～50天
雄蜂	3	7	14	24	3～4个月

那么蜂蜜到底来自哪里？或者说蜂蜜到底是谁酿造的呢？自古以来，文人墨客给蜜蜂写了不少的赞美诗句，然而他们也许不知道蜂群中还有蜂王、工蜂和雄蜂之分，那些受人称赞的高尚行为，都是工蜂所为，与蜂王和雄蜂毫不沾边。其实蜂王也是很辛苦的，它的一生都负责产卵，使蜂群延续和壮大，真正不劳而获的只有雄蜂。

所谓工蜂，就是工作的蜜蜂，这些工作包括采蜜、酿蜜，但绝不仅仅是这些，是与蜂群生存息息相关的一切工作。如饲喂、清扫、守卫、侦查、修筑巢脾、采蜜、菜蜂花粉、采水、采树胶等。在蜂群中工蜂的数量总是占绝对优势的，也必须是这样，它们是蜂群的主力军。一般到冬末季节数量最少的时候，可能也要有上万只。到了夏季的采蜜季节，能增加到七八万只。正是这么多蜜蜂整日辛勤地工作，才酿造了甜美的蜂蜜，酿造了我们甜蜜的生活。

二、蜂蜜是什么

国家标准中是这样描述的：蜜蜂采集植物的花蜜、分泌物，也可能包括吮吸植物汁液的昆虫的排泄物，与自身分泌物结合后，经转化、脱水、储存，充分酿造而成的天然甜物质。

蜂蜜含有多种糖，主要是果糖和葡萄糖。此外还含有有机酸、酶和来源于蜜蜂采集的固体颗粒物，如植物花粉等。蜂蜜的气味和颜色随蜜源植物的不同而不同。颜色可能是水白色，也可能是琥珀色或深色。蜂蜜在通常情况下呈黏稠流体状，储存时间较长或温度较低时可形成部分或全部结晶。

1. 蜂蜜的定义

以上是我们对蜂蜜的定义。这个定义从蜂蜜的来源、蜂蜜的成熟过程和蜂蜜成品的性质三方面来规定蜂蜜的含义。第一方面蜂蜜的来源是"植物的花蜜或分泌物"，蜂蜜也包括甘露蜜，但不包括喂糖而产生的"糖蜜"；第二方面蜂蜜的成熟过程，是"蜂蜜经过充分酿造而贮存在巢脾内的"，蜜蜂刚刚采来的花蜜不是蜂蜜，未成熟蜜也不是蜂蜜，人工浓缩的花蜜更不是蜂蜜；第三方面是讲蜂蜜成品，是一种"香甜物品"。

2. 蜜露蜂蜜（植物源以外的蜂蜜）

蜜露蜂蜜（或称甘露蜂蜜、蜜露蜜、甘露蜜）。蜜蜂有时也采集植物的分泌物或甘露。蜜蜂采集吮吸植物汁液的昆虫的排泄物，与自身分泌物结合后，经转化、脱水、贮存，充分酿造而成的天然甜物质。

甘露蜜（honeydew honey）是一种特殊的蜂蜜，它是由蜜蜂采集甘露后酿制成的。甘露蜜中麦芽糖、松三糖和矿物元素的含量比普通的蜂蜜高好几倍。在欧洲的一些国家，甘露蜜的销路不错。

3. 蜂蜜是蜂群的基本"食粮"

蜂蜜是蜂群的主要食粮，就像人类不能离开粮食一样，是蜂群生存的基本条件之一，没有蜂蜜整个蜂群就将饿死。那么蜂群中的蜂蜜是从哪里来的呢？

俗话说"蜜蜂采得百花酿成蜜"，就是说蜜蜂从蜜源植物采得花蜜，蜜蜂采花蜜的过程是一项蜂群中有劳动能力的个体分工协作、各尽所能的"大会战"，同时又是一曲美妙无比的"自然交响乐"。

三、蜂蜜从哪儿来

采集活动是蜜蜂的本能，蜜蜂依靠采集活动获得生存所需要的食物。只要气候适宜，蜂群中专门从事探查工作的侦察蜂便积极出巢，四方寻找蜜源。当侦察蜂发现吐香泌蜜的蜜源后，便通过口器吮吸花蜜装满蜜囊，匆匆赶回蜂巢告知工蜂，众工蜂按照侦察蜂的指示方向、位置前去采集。蜜蜂采集花蜜是通过特有的口器——吻，逐朵吮吸将花蜜装进蜜囊后飞回到巢内，交给内勤蜂，供其进行加工酿造。

1. 花蜜不是蜂蜜

花蜜并不是蜂蜜，因为两者无论在组成成分还是在质量上都有很大差异，花蜜必须经过蜜蜂加工酿造才能成为蜂蜜。花蜜的加工酿造包含着复杂的物理和化学加工过程，它远比由麦粒到面包、由谷粒到米饭要复杂而艰巨很多，这正是蜜蜂之所以伟大之处。

2. 蜜蜂如何采集花蜜

现以花蜜为例让我们来看一看蜜蜂采花酿蜜的全过程。

在春暖花开的时候，那些做侦察工作的蜜蜂会飞出去寻找蜜源。当它们在外面找到了蜜源，会给自己一点"甜蜜的奖励"，吸上一点花蜜和花粉，很快又飞回蜂群。回到蜂群后它们就会快乐地舞蹈起来，用舞蹈这种特殊的语言告诉其他蜜蜂蜜源的远近和方向。蜜蜂的舞蹈一般有圆形舞和 8 形舞两种，圆形舞表示蜜源不太远，而 8 形舞表示蜜源比较远，如果跳舞时头向着上面，表示蜜源是在对着太阳的方向，要是向着下面，则表示蜜源在背着太阳的方向。

得到侦察蜂的情报后，蜂箱里的采集蜂很快就会按照提供蜜源的信息飞出去。一传十，十传百，越来越多的蜜蜂都奔向蜜源，进行大量采集工作。春夏季节是鲜花盛开的时期，蜜源最为丰富。这个时候，工蜂们会频繁地外出采蜜，它们停在花朵中央，伸出精巧如管子的长吻，长吻上还有一个蜜匙，当长吻一伸一缩进入到花的蜜腺里时，就把花蜜一滴一滴地吸吮到自己的蜜囊（又叫蜜胃）里，同时将自身的消化液加入其中，使花蜜一进入采集蜂的体内就连续不断地进行着物理和化学变化。

采集蜂为了提高采集效率，在刚采集过的花朵上留下蜂臭，这样可以避免其他采集蜂对同一朵花的重复采集，这种现象对蜜蜂突击采集是十分有利的。

一只采集蜂的蜜囊只能装 20～60 毫克花蜜，平均为 40 毫克，相当于一小滴露珠。而要采得一滴露珠这么少的花蜜，蜜蜂必须采集几十朵甚至几百朵花，因为每朵花分泌的花蜜是非常稀少的。蜜蜂每酿造 1 千克蜂蜜，需要采集 200 万～500 万朵鲜花（图 7）。多么辛苦，多么不易啊！

3. 蜂蜜的酿造原理

无论蜜蜂采集的是花蜜、蜜露还是甘露，都不是简单地直接利用，而是有一个加工酿造过程，经过它们反复酿造，才能变为成熟的蜂蜜。酿蜜的原理，一方面是物理作用，即蒸发除

图7 蜜蜂采蜜

去原料中的过多水分，使含水量从平均 60%～75% 降低到 18% 左右，形成一种高质量的浓缩蜜液，以利于抑制各种生物的生长；另一方面是生化作用，也就是糖的化学转变，蜜蜂通过添加体内分泌的转化酶，将花蜜中原有的蔗糖和淀粉等多种糖类物质，分别转化为还原糖——葡萄糖和果糖，使还原糖达到 65%～80%，而蔗糖含量降至 5% 以下。

4. 蜜蜂如何酿造蜂蜜

蜜蜂将花蜜一滴一滴地吸吮到自己的蜜囊（又叫蜜胃）里，同时将自身的消化液加入其中，使花蜜一进入采集蜂的体内就连续不断地进行着物理和化学变化：通过消化道的黏膜吸收花蜜中的部分水分，使花蜜的含水量逐渐减少；各种腺体的分泌液和花粉、花蜜中固有的消化酶（如转换酶和淀粉酶等）使花蜜中的多糖分解转化为低聚糖和单糖，这些分解、转化的产物之间还会发生局部的聚合反应而生成二糖、三糖和低聚糖等，从而使花蜜在本质上渐渐地发生着变化。

采集蜂的蜜囊盛满采集物后，返回蜂巢时将蜜囊中的花蜜口对口地转交给从事酿蜜的内勤蜂，在内勤蜂的体内这些花蜜又一次经历着与在采集蜂体内相类似的物理和化学变化，随后，此内勤蜂又将其转交给另一个内勤蜂，或是将其存放入清理干净的空巢房内，或是将其存放在两个巢房之间的间隔处，由其他的内勤蜂重复地进行吸入、吐出的动作，在每一次吸入和吐出之间花蜜等采集物就经历了一次又一次的物理和化学变化。

与此同时，蜂巢中有很多的内勤蜂从事着煽风的劳动。随着不断流动的气流，内勤蜂将放置于巢内不同部位的未成熟蜂蜜中多余的水分不断地带走，花蜜中含有的水分从 60％以上减少到18％以下，葡萄糖和果糖等单糖类物质的含量由最初的20％左右增加到约75％时，香甜芬芳的蜂蜜即酿造成功。不同蜜源所酿造的蜂蜜具有各自特有的芳香气味和滋味。在夏季，蜜蜂一次采集所得到的花蜜，要经过 3～5 天夜以继日地集体奋战才能酿造成熟，可见蜜蜂从采花到酿蜜要付出多么艰辛的劳动啊！

5. 蜜蜂是如何储藏蜂蜜的

外界蜜源并不是一年四季都有，雨天时蜜蜂也无法外出采集。因此蜜蜂必须尽量多地储藏蜂蜜，才能保证家中不断粮。当阳光灿烂百花盛开的时候，工蜂们便不知疲倦地采集着花蜜，酿制成蜂蜜。每当完全酿制部分蜂蜜时，蜜蜂便寻找适宜的巢房将它们集中起来。为了防止蜂蜜吮吸和外溢，蜜蜂在储存蜂蜜的巢房口上面封上一层薄薄的蜂蜡，把蜂蜜封存在巢房里，这种蜜称为"封盖蜜"，也称为"成熟蜜"，它可以长期保存，经久不坏。这一个个小小的封盖蜜房组成了"蜜蜂王国"的备荒粮仓，在蜜源枯竭万不得已时才能动用，需要时，用口器咬开取出食用。

人们就是利用蜜蜂这种"储备"习性，将多余的储藏蜂蜜取出来，获得蜂蜜。

6. 花蜜、未成熟蜂蜜、成熟蜂蜜有何区别

由于从花蜜到蜂蜜要经过复杂的酿造过程，应区分其含义的不同。花蜜是指由植物蜜腺分泌出来，被蜜蜂采集未经酿造的甜汁，它来源于植物；成熟蜂蜜是花蜜经过蜜蜂充分酿造达到成熟而封盖的蜂蜜；两者之间（尚未完成酿造过程）的称为未成熟蜂蜜。

7. 从花蜜到成熟蜂蜜所需时间与什么因素有关

蜂蜜将较稀薄的花蜜酿制成封盖的成熟蜂蜜，所需时间的长短，一定程度上取决于采蜜的地区、季节、气候、蜜源种类、蜜蜂群势及蜂箱通风条件等多种因素，通常需经过5～7天的时间，干燥地区的强群所采的花蜜含水较少时，酿造时间相应短，反之则长。

8. 蜂蜜是怎样从蜂群中被取出的

蜜粉源开花期，蜜蜂将花蜜采集进巢加工酿造成熟，待蜂巢内成熟蜜较多时，养蜂人便在清晨打开蜂箱，将蜜脾提出，抖落蜜脾上的蜜蜂，用割蜜刀削去蜜脾上的蜡盖，将之放入摇蜜机中摇动把手，通过离心作用将蜂蜜甩出，过滤后即可食用或储存。

9. 生产中如何提高蜂蜜的质量

生产中要提高蜂蜜的质量，必须做好以下几方面工作：①采用强群采收成熟蜂蜜；②分花种取蜜，保持品种纯正；③防止蜂蜜污染，取蜜期不可喂药喷药；④注重操作时的卫生和取蜜工具的清洁，最好采用不锈钢制工具，并经常消毒；⑤采用专用桶盛蜜，盛具须注意清洁消毒。

第三节　蜂蜜的种类

世界上有100种以上的蜂蜜，它们是从各种不同的角度加以分类的，在不同的历史时期、不同的国家、不同的地区、不同的行业对蜂蜜有不同的分类方法。

一、常见的蜂蜜分类方法

1. 按蜜源植物分类

用蜜蜂采集的主要植物的名称来命名，如椴树蜜、荆条蜜、葵花蜜、洋槐蜜、油菜蜜等。如果蜜蜂从不同植物上采集花蜜配制成的蜂蜜就是多花种蜂蜜，俗称杂花蜜、百花蜜。

2. 按蜂蜜的采收季节分类

根据季节的不同，把蜂蜜分为春蜜、夏蜜和迟蜜（指秋、冬两季）。

3. 按采收方法分类

按采收方法可分为分离蜜和巢蜜两种。一般的蜂蜜都是蜜脾放在摇蜜机里甩出来的，所以称为分离蜜；巢蜜则是把巢脾分成不同尺寸的格子，连同巢房一同出售的蜂蜜。

4. 按蜂蜜的物理性状分类

按蜂蜜的物理性状分为液态蜜和结晶蜜。新生产的蜂蜜都是液态的，液态蜂蜜比较清澈，经存放一段时间后，大多数的蜂蜜都会出现结晶。

5. 按蜂蜜的色泽分类

按蜂蜜的色泽分为深色蜜和浅色蜜。具体可划分为水白色蜜、白色蜜、特浅琥珀色蜜、浅琥珀色蜜、琥珀色蜜和深琥珀色蜜等7个等级。

6. 按生物群的生活区分类

如水果花蜜、草原花蜜、田野花蜜或者森林花蜜等。

二、我国主要蜂蜜简介

1. 油菜蜜

油菜蜜是我国最主要的蜂蜜品种，分布很广。南方各省产蜜期在12月至次年4月，北方各省产蜜期在5～7月，花期约30天。油菜蜜浅琥珀色，略有混浊。气味清香带青草味，有油菜花香味，味道甜润。极易结晶，结晶粒细腻呈油脂状，结晶蜜呈乳白色。

2. 紫云英蜜

紫云英蜜主要产于江苏、浙江、安徽、江西、广东、湖南等省，花期为 2～4 月上中旬，约为 30 天。紫云英蜜色淡白。气味清香，味道鲜洁、清淡，略有青草味，甜而不腻。不易结晶，结晶呈细粒状，呈乳白色。

3. 苕子蜜

苕子蜜主要产于南方和长江流域各省的水稻产区。花期约20 天，开花期为 4 月至 5 月上旬。苕子蜜的色、香、味与紫云英蜜近似，但不如紫云英蜜鲜洁，甜味略差，结晶较慢。

4. 荔枝蜜

荔枝蜜（图 8）主要产于我国亚热带地区的广东、福建、广西、云南、四川、台湾等省。花期为 2～4 月，25～30 天。荔枝蜜为特浅琥珀色，气味清香，带荔枝香味。结晶粒细腻，结晶蜜呈乳白色。

图 8　荔枝蜜

5. 龙眼蜜

龙眼蜜（图 9）主要产于广东、福建等省，以福建为最多。花期在 3 月中旬至 5月上旬，15～20 天，龙眼蜜为浅琥珀色，气味芳香，具龙眼花的特殊花香气味。味道浓甜，列为蜜中的上品。结晶颗粒较细，结晶蜜呈暗乳白色。

6. 橡胶树蜜

橡胶树蜜主要产于南方几个省区。花期3～7 月。橡胶树蜜为浅琥珀色，香味较淡，甘甜适口。结晶颗粒较粗，结晶蜜呈乳白色。

图 9　龙眼蜜

7. 柑橘蜜

柑橘蜜主要产于湖南、江西、浙江、四川等省。花期在3～5 月，流蜜期 15 天左右。柑橘蜜为浅琥珀色，具柑橘香味，味道甜，但带有柑橘酸味。结晶粒细，成油脂状。

8. 刺槐蜜（洋槐蜜）

刺槐蜜（图10）主要产于山东、江苏、安徽、河南、辽宁、山西等省。花期为8～10天。是我国上等蜜之一，价格高于一般蜂蜜。洋槐蜜为水白色，黏稠透明。具槐花的清香气味。味道甘甜适口，不易结晶。

图10　洋槐蜜

9. 枣花蜜

枣花蜜（图11）主要产于河南、河北、山东、山西等省。花期较长，在 5 月上旬至 6 月上旬。枣花蜜为琥珀色，蜜汁透明，黏稠。具特殊浓烈气味，味道初食时有饴糖味，尾味具浓郁的杏仁香味。不易结晶，结晶粒粗。

图11　枣花蜜

10. 椴树蜜

椴树蜜（图12）主要产于东北长白山和兴安岭林区，分糠椴和紫椴两种，在甘肃、云南等省还有华椴树。东北的椴树花期在 7 月，紫椴、糠椴花期交错，7 月 10 日左右进入泌蜜盛期，流蜜约 20 天。椴树蜜浅琥珀色，气味浓芳香，味道香甜。结晶洁白细腻似猪油，是我国的上等蜂蜜。

11. 狼牙刺蜜

狼牙刺蜜主要产于甘肃、云南、四川等地。花期通常在 3～5 月，流蜜期约 20 天。狼牙刺蜜为浅琥珀色，气味芳香，甘甜可口。结晶细腻，结晶蜜呈乳白色。

图12　椴树蜜

12. 荆条蜜

荆条蜜（图13）主要产于辽宁和华北地区。花期一般在 6～7 月，流蜜期约 30 天。荆条蜜呈浅琥珀色，气味芳香，甜而不腻。结晶细腻，结晶蜜呈乳白色。

13. 棉花蜜

图13　荆条蜜

棉花蜜主要产于黄河中下游、长江中下游和新疆等地。花期7～9月，流蜜期约40天。棉花蜜为琥珀色，香味较淡，味道甜略带涩，容易结晶，结晶为粗粒状，色变白。

14. 乌桕蜜

乌桕蜜分布较广，以浙江、湖北、河南、贵州、云南、江西、四川等省最多。花期一般在6月上旬至7月中旬。乌桕蜜为琥珀色，具有轻微的酵酸味，味道甜中略有酸味，回味较重，润喉较差。易结晶，结晶粒粗，呈暗乳色。

15. 草木樨蜜

草木樨蜜主要指白花草木樨蜜。主要分布在华北、东北和西北地区。大部分地区的花期在6～8月，流蜜期为30～50天。草木樨蜜为浅琥珀色，蜜质浓稠透明，气味芳香，味甜而不腻。结晶呈乳白色，颗粒极细。

16. 葵花蜜

葵花蜜主要产于东北三省。花期长，从7月上中旬至8月中下旬。葵花蜜为琥珀色，气味浓香，有向日葵花香味。蜂蜜质地浓稠，味道甜、适口。易结晶，结晶粒细，色淡黄。

17. 胡枝子蜜

胡枝子蜜主要产于东北三省山区，花期长，从7月中旬至8月中下旬，流蜜期约30天。多与多种草本植物混生。胡枝子蜜为浅琥珀色，气味清香，甜而不腻。结晶慢，结晶洁白，细腻如脂。

18. 柿树蜜

柿树蜜主要产于河南、山东、河北、山西、甘肃等省。花期在4～5月，花期为12～15天。柿树蜜为琥珀色，气味芳香，质地黏稠。结晶乳白色，颗粒很细腻。

19. 荞麦蜜

荞麦蜜产地较广,大面积集中在西北、内蒙古等地。荞麦蜜为深琥珀色,具浓郁的荞麦花香气味,味道特殊,具刺激味。曾被列为我国的,但荞麦蜜的营养并不差。结晶时色浅,结晶颗粒较粗。

20. 毛水苏蜜

毛水苏蜜主要产于黑龙江省北部饶河、虎林、宝清、绥宾、富裕等县。花期在7月中旬至8月中下旬。毛水苏蜜为水白色,蜜液透明,具浓郁的水苏花香,结晶细腻。

21. 鸭脚木蜜

鸭脚木蜜主要产于广东、广西和福建。花期很长,达2个月之久。鸭脚木蜜为浅琥珀色,气味芳香,味道略带苦味,浓度越高越苦,储存时间长了苦味就减退。结晶为乳白色,颗粒细。

22. 野桂花蜜

野桂花蜜主要产于湖南、湖北、江西、广东、广西、云南、贵州等南方省区。花期长,从当年10月可延至来年的2~3月。野桂花蜜为水白色,透明,纯净细腻,气味浓芳香。结晶洁白,颗粒很细。

23. 野坝子蜜

野坝子蜜主要产于西南各省,花期较长,主要在9月下旬至11月下旬。野坝子蜜为琥珀色,气味芳香,甜而不腻,结晶呈乳白色,细腻如脂,通常称它为"油蜜"。由于质地硬,又称为"硬蜜"。

24. 大叶桉蜜

大叶桉蜜主要产于南方数省。花期很长,约达100天。大叶桉蜜为深琥珀色,具有桉醇的特殊气味,储存后气味逐渐减弱,结晶暗黄,颗粒较粗。

25. 枇杷蜜

枇杷蜜(图14)主要产于江苏、浙江、福建一带。枇杷蜜呈琥珀色，具有浓郁的枇杷香味。容易结晶，颗粒较粗。

26. 芝麻蜜

芝麻蜜主要产于黄河及长江中下游，其中河南最多，湖北次之，安徽、江西、河北、山东等省种植面积也较大。花期早的6～7月，晚的7～8月，花期长达约30天。芝麻蜜为浅琥珀色，气息淡香，味甜而微酸，结晶后呈乳白色或浅黄色。

27. 紫苜蓿蜜

紫苜蓿蜜主要产于西北、华北，东北

图14　枇杷蜜

南部种植较少，华东亦有少量种植。花期在5～6月。紫苜蓿蜜色泽因产地不同，自白色至琥珀色，气息芳香，味甜润适口，不易结晶，结晶后呈细粒或油脂状，呈白色。

28. 老瓜头蜜

老瓜头蜜主要产于宁夏、内蒙古、陕北等省。花期在5月中旬至7月下旬。老瓜头蜜为浅琥珀色，蜜液浓稠，气息芳香，味甘甜，略有贻糖味并稍感涩口，结晶后呈乳白色。

三、世界各地特色蜂蜜简介

1. 金合欢蜜

产地：主要产于东欧。

性质和味道：清澈，颜色呈浅淡的金黄色。流动性好。它来自很香的花，味道比其他大多数蜂蜜要甜。

应用：根据其味道和稠度可以作为各种菜肴的佐料。

2. 荞麦蜜

产地：主要产于中国和美国。

性质和味道：颜色很深，近乎黑色，固态稠度。香味浓，带有泥土气息。常与其他蜂蜜配制成混合蜜。

应用：适宜做圣诞糕点和胡椒蜂蜜饼。

3. 草莓苜蓿蜜

产地：南澳大利亚州。

性质和味道：颜色非常浅，奶白色，固态稠度，因此很难加工。有甜的黄油味道，令人联想到焦糖。

应用：加工前必须先溶解。适宜作为某些糕点的糖料，涂在早餐的小面包上味道特别好。

4. 桉树蜜

产地：澳大利亚等。

性质和味道：清澈，颜色相对深，流动性较好。独特的干树脂味道和澳大利亚森林新鲜独特的香味。

应用：很适宜作为饮料的糖料。

5. 希腊山地蜜

产地：希腊。

性质和味道：清澈至深褐色，流动性较差。吃起来有很浓的松树味和草味，还带有药的怪味。蜂蜜散发出很浓的地中海区域的花草味。

应用：很难加工，由于香味很特殊，故应当单独食用。

6. 荒原蜜

产地：北欧和东欧的荒原沼泽地和稀疏的森林。

性质和味道：金黄的琥珀色带有红色的底色，流动性适中，涂抹性好。甜味适中，略带有苦苦的青草味，还有香香的焦糖味。

应用：用于煎饼、华夫饼干、甜食、冻糕、调味汁和汤，味道都很不错。

7. 加拿大苜蓿蜜

产地：加拿大。

性质和味道：膏状蜂蜜，味浓，奶油白色，如丝绒般柔软，流动性适中，涂抹性好，吃起来有一种柔和的香草味。

应用：适用于水果、水果沙拉、烤香蕉和烧烤的糕点。

8. 栗树蜜

产地：法国的比利牛斯山（Pyrenees），意大利北部。

性质和味道：引人注意的淡红色或金黄色，很浓稠。有很浓的栗子香，略带苦味。

应用：适用于烘制的糕点和醃肉汁。

9. 苜蓿蜜

产地：澳大利亚、英国、新西兰、美国。

性质和味道：清澈，有时呈膏状，柔和的浅琥珀色，很稀、很甜，散发出刚割完草坪的芳香气息。

应用：应用很广泛，适用于各种餐后甜点，例如华夫饼干、油煎饼或是直接涂抹在新鲜的小面包上。

10. 薰衣草蜜

产地：地中海国家，主要是普罗旺斯地区（Provence）。

性质和味道：柔和的金黄色，稠度中等。吃起来有可口的薰衣草味，比较甜，混有一种轻微的酸涩味。

应用：特别适用于薰衣草饼（一种布丁）和冻糕，但也可用于其他餐后甜点和饮料。

11. 革木蜜

产地：澳大利亚塔斯马尼亚岛（Tasmania）的海岸。

性质和味道：清澈、琥珀色，稠度中等至稀，有花的香叶和类似香料的味道。

应用：味道很特殊，可以用作餐后甜点和酒类饮料的调味品。

12. 椴树蜜

产地：东欧、美国。

性质和味道：温和的琥珀色，略带绿色，香气浓，味道重。

应用：主要是直接食用，但也适用于烤苹果。它与椴树花茶一起饮用可治疗感冒。

13. 麦芦卡树蜜

产地：新西兰（新西兰茶树）。

性质和味道：清澈，带果酱褐色，稠度浓而黏，与荒原蜜相似，具有单一的药味，略带焦糖苦味。

应用：味道特殊，不宜作为其他食品的糖料。因它含有很强的抗菌作用，故有利于肠胃的健康。

14. 橙子花蜜

产地：以色列、马耳他、墨西哥、西班牙、美国。

性质和味道：清澈、浓香、颜色柔和，稠度为稀至中等。味道较甜，带有浓的杏仁和橙子皮香。

应用：适用于所有的水果点心。

15. 油菜蜜

产地：欧洲。

性质和味道：膏状，淡黄白色，稠度很稀，流动性好，具有很甜的且略带奶油的味道。常与其他品种的蜂蜜混合使用。

应用：油菜蜜特别适宜作为汤和调味汁的香料。

16. 迷迭香蜜

产地：地中海区域。

性质和味道：清澈的草花蜜，柔和的金黄色，稠度与荒原蜜相似。容易结晶，味甜并有草香味。

应用：适合加在饮料和甜、辣味菜肴中。

17. 向日葵蜜

产地：欧洲。

性质和味道：膏状，鲜黄色，稠度固态。口感好，具甜味、油味和蜡味。

应用：加在沙拉调味汁和甜、辣味蔬菜菜肴中味道很好。

18. 百里香蜜

产地：希腊山地，普罗旺斯地区。

性质和味道：清澈，深琥珀色，稠度中等。吃起来有很浓的草香味，后味略苦。

应用：加在沙拉和饮料中味道很好，宜用来治疗感冒，特别是咳嗽。

19. 紫树蜜

产地：美国佛罗里达州。

性质和味道：清澈，柔和的金黄色，稠度很稀，液态。味很甜，带可口的浓郁的春天花香。

应用：很适宜用来制作各种甜食、糕点和饮料。

四、其他的蜂蜜分类方法

除前述主要分类方法之外，还可按照蜂种对蜂蜜分类。目前，蜜蜂属公认有9个种，即西方蜜蜂（*Apis mellifera* L.）、东方蜜蜂（*A. cerana* F.）、小蜜蜂（*A. florea* F.）、大蜜蜂（*A. dorsata* F.）、黑小蜜蜂（*A. andreniformis* Smith）、黑大蜜蜂（*A. laboriosa* Smith）、沙巴蜂（*A. koschevnikovi* Enderlein）、苏拉威西蜂（*A. nigrocincta* Smith）、绿努蜂（*A. nuluensis* Tingek. Koeniger and Koeniger）。我国分布有所列的前6个种。

土生土长的中华蜜蜂（即东方蜜蜂的东亚类型），遍布我国大江南北。在广东、广西和云南，还有野生的小蜜蜂、大蜜蜂、黑小蜜蜂、黑大蜜蜂。历史上我国引进了大量的西方蜜蜂，现已成为我国养蜂生产上的主要蜂种，并且最新发现，在我国新疆地区一直以来就有西方蜜蜂存在。

我们平常说的蜜蜂，主要指西方蜜蜂和中华蜜蜂产的蜜，实际上还有其他蜂种生产的蜂蜜。不同的蜂种酿造的蜂蜜有所不同，在我国一般可分为：①大蜜蜂蜂蜜，采自大蜜蜂的野生蜂巢，其含水量较高，易发酵；②小蜜蜂蜂蜜，这种蜂蜜很少，主要作药用，价值较高；③还有称西方蜂种产的蜂蜜，中蜂产的蜂蜜为中蜂蜜。

另外，还可依据有毒与无毒将蜂蜜分为毒蜜、无毒蜜。

五、毒蜜

有一类蜂蜜，因为其中含有一些来自蜜源植物的成分（如生物碱类植物毒素等），蜜蜂食用这类蜂蜜之后不会发生任何不适反应，而人和其他动物食用后却会发生不适或中毒症状，甚至危及生命安全，我们把此类蜂蜜列为有毒蜂蜜。它们的数量虽然极其稀少，但在历史文献中有不少记载，生活中也有发生，因此，有必要作适当的介绍。

传说在古罗马时代，大将军庞培率领的大军在一次山地行军中，曾发生众多士兵误食山中的有毒蜂蜜后，相继出现浑身乏力并逐渐失去知觉的严重中毒事件。我国明代的大药物学家李时珍在《本草纲目》中说："七月勿食生蜜，令人暴下霍乱。"很多国家的民间都流传着一些因食用山区有毒蜂蜜而引起的中毒事件，其中毒症状多表现为恶心、呕吐、腹泻、脱发、头痛、腰痛、麻木、乏力等，症状严重者还会出现肾功能衰竭，并引起死亡。

我国南方省份一些山区农村，每逢天旱少雨、粮食歉收而蜂蜜又丰收的年景，往往就会发生散在性的食蜜中毒事件。尤以 1972 年夏季，湖南省的城步县、黔阳县（现洪江市），福建省的建宁县和广西壮族自治区的龙胜县的部分山区发生的食用蜂蜜中毒事件的影响最大。当年的 6～7 月，这几个地区约有650 人吃了当年自家蜂巢中的蜂蜜，食蜜后，有 300 多人发生不同程度的中毒症状，其中死亡 30 多人。事后，经调查研究发现，食蜜后出现中毒症状的时间以及中毒症状的轻重程度与食蜜量的多少有着直接的关系：食蜜少者出现的中毒症状轻，且食蜜后较长时间（有的在食蜜后的数天）才出现中毒症状；食蜜量多者，中毒症状出现早，食蜜后的 1～2 小时即发病，且症状较为严重；凡食蜜量超过 250 克者，因种种原因抢救不及时而死亡。

在该次事件中，中毒症状多表现为消化系统和神经系统的病变，尤以肾脏的损伤最为严重。大多数中毒者都先后出现口干、口苦、唇苦、唇舌发麻、食欲减退、恶心呕吐、疲倦无力、头昏、头痛、发热、胸闷、腰酸、腰痛、肝大等症状。引起中毒的原因主要是蜂蜜中含有较多的雷公藤生物碱所致。那一年的春夏季，这几个地区均干旱少雨，到春末夏初时，山中的大多数草本花木基本枯萎，只有根系发达的藤本植物——雷公藤（*Tripterygium wilfordii* Hook. f.）和同科同属而不同种的昆明山海棠盛开，蜜蜂采集了它们的花蜜后酿造的蜂蜜中就含有浓度较高的雷公藤生物碱，此类生物碱对蜜蜂无毒，但对人体却有剧毒。迄今为止，在我国境内，能使人中毒致死的蜂蜜大多与此有关。

另外，我国有一些植物如羊踯躅（*Rhododendron molle* G. Don）、藜芦（*Veratrum nigrum* L.）、钩吻［*Gelsemium elegans*（Gardn et champ）Benth］、珍珠花［*Lyonia ovalifolia*（Wall.）Drude］、乌头（*A-conitum Carmichaeil* Debx）和巴豆等，在它们的花蜜或花粉中含有能引起人和其他动物出现中毒症状的植物毒素；但另有一些植物如茶花和油茶，它们的花粉和花蜜对蜜蜂的幼虫有毒，哺育蜂用含有这些植物的花粉和花蜜组成的蜂粮饲喂幼虫时，会引起幼虫的死亡。经研究发现，有毒蜂蜜经过一段时间的储存之后，其中的有毒成分会逐渐分解，从而使其毒性随之降低。此外，山区生产的蜂蜜数量不多，有毒蜂蜜就更少了，所以市售蜂蜜一般不会引发食蜜中毒事件。

六、出口蜂蜜的品种有哪些

出口蜂蜜品种大体两类：一类是单一花蜜，如洋槐蜜、紫云英蜜、椴树蜜、荆条蜜、苕条蜜、橘子蜜、苜蓿蜜、葵花蜜、油菜蜜、荔枝蜜、龙眼蜜、枣花蜜、桂花蜜、荞麦蜜等，最畅销的是洋槐蜜、紫云英蜜、橘子蜜、桂花蜜。另一类是混合蜜（百花蜜），混合蜜按色泽分级，国际上通常分为特白、白色、特浅、浅琥珀、琥珀、深色蜜等，出口量较多的是特浅、浅琥珀和白色蜜。因蜜源植物不同，蜂蜜具有不同的色、香、味，出口的单一蜂蜜要求品质纯正，有不同的色、香、味，该种花粉含量要占花粉总量的绝大多数。不论是单花蜜还是混合蜜，一般浅色蜜比深色蜜好。

第四节　蜂蜜生产上需要注意的一些问题

人工饲养蜜蜂是在采集野生蜜蜂的蜂蜜不能满足人类需求的情况下产生的。大约在公元前 3000 年，古埃及人就开始用陶罐蜂窝饲养蜜蜂了。我国养蜂也有近 3 000 年的历史。公元 25 年前（战国至西汉之末），《山海经·中次六经》中就有"平逢之山蜂蜜之庐"，这是对蜂蜜和饲养蜜蜂的最早描述。我国古代的养蜂技术，在一些农业书里也有记载。

现代养蜂技术开始于 20 世纪初，我国引进了大量的西方蜜蜂，活框蜂箱和活框养蜂技术传到中国，是养蜂业和蜂蜜生产的巨大进步。过去养蜂只能固定在一个地方，而活框养蜂技术，养蜂者可以将蜜蜂连同蜂箱一同装在车上，随心所欲地到蜜源植物丰富的地方放养，这样不仅提高了蜜蜂的产量，更重要的改进是在采蜜的时候，可以把储满蜂蜜的巢脾取出来，放在摇蜜机中把蜂蜜分离出来，不再像过去一样破坏蜜蜂，破坏蜂巢，杀鸡取卵。

一、开展单一花蜜生产的措施有哪些

为保证生产单一花蜜，必须做好如下几方面工作：①培养

和组织强群采蜜；②延缓取蜜间隔时间，提高蜂蜜营养价值；③严格取蜜规程，确保蜂蜜卫生；④每个花期取蜜前应进行清脾，第一次取的蜂蜜不一定纯正，应单存，第二次至花期结束的蜂蜜较纯正；⑤取蜜期不要喂糖，不向蜜中掺糖；⑥分清蜜种单独存放，避免混合。

二、如何采收单一蜂蜜

各种蜂蜜均有其独特的风味和特点，故此，蜂蜜的生产应注重产品的纯净度，采收单一蜂蜜，最好不混杂。蜂蜜采集具有单一性，根据蜂蜜的这一特点，在同期有多种蜜源开花泌蜜时，如想获得纯正的单一蜂蜜，就要在花期有目的地采用诱导蜜蜂采集的办法（如以花瓣浸泡喂蜂等），不但可以起到激发蜜蜂积极性的作用，还可以有效地促使蜜蜂采收单一蜂蜜。

三、如何掌握适宜的取蜜时间

取蜜时间对蜂蜜的产量和质量有着直接的影响。整个蜜源期应本着"初期早取，中期稳取，后期慎取"的原则确定取蜜时间，应改变"见蜜就取"的不科学做法，把每次取蜜的间隔时间延长到3～7天，并把下午或傍晚取蜜改为清晨蜂蜜大量出勤前取蜜，这样有利于把握蜂蜜的成熟度。

四、影响蜂蜜浓度的因素有哪些

蜂蜜的质量取决与其浓度的大小。一般蜂蜜的含水量为16％～20％，如含水量增大，含糖量相对降低，会导致蜂蜜易发酵变质，严重影响蜂蜜的储存和销售。影响蜂蜜浓度主要有以下几种因素：①蜜源因素；②气候因素；③蜂群因素；④人为管理因素。正常情况下，在油菜、刺槐等泌蜜较涌、含水量较少的蜜源期，气温适宜，气候比较干燥，强壮蜂群可显示出极大的优越性，如果管理得当，措施得法，可达到优质高产的目的。

五、蜂蜜生产过程中如何防止药物污染

为防止抗生素对蜂蜜的污染，应采取如下措施：①饲养强群。取成熟蜂蜜，这是防止蜂蜜遭受抗生素污染的最根本措施。因为蜜蜂强壮，抵抗病害能力也就增强，蜂群不必要喂药，也就减少了药物对蜂蜜的污染；②必须用药时，应在非采蜜期使用，采蜜期间坚决禁止使用各种抗生素；③采用螨扑一类的药物治螨，坚决杜绝用水溶性药物治螨；④选育抗病能力强的蜂种；⑤尽可能选用中草药防治蜂病，可减少对蜂蜜的污染。

六、对蜂蜜分类的意义是什么

对蜂蜜进行分类的意义主要在于使人们更好地辨别和掌握其品种、规格、性状、特征及质量优劣，以利于生产、加工、流通、储存等各项工作的安排，同时，也为了适应消费者蜂蜜的消费需要。

七、如何按原料性质进行分类

蜂蜜的前身主要是花蜜，在蜜源缺少时蜜蜂也会采集甘露和蜜露进行酿蜜。按照蜂蜜原料来源的不同性质，可以把蜂蜜分为两类：一类是花卉蜜（自然蜜），包括由花蜜和蜜露酿造制成的蜂蜜；另一类是甘露蜜，是由昆虫的含糖排泄物酿制成的蜂蜜。这两类蜂蜜从产量上比较，前者占绝大多数；从品质上比较，前者的色、香、味及营养价值都优于后者。

八、如何按蜜源植物种类进行分类

按蜜蜂采集的蜜源植物种类，可将蜂蜜分为单花蜜和混花蜜（百花蜜、杂花蜜）。单花蜜是蜜蜂采集单一植物的花蜜酿

造成的，是以其来源的植物名称而命名的，如油菜蜜、槐花蜜、枣花蜜等。混合蜂蜜是蜜蜂在同一时期从几种不同的植物上采集的花蜜经酿造后混合在一起的，也有的是在储存或加工中由人为因素造成的，又称杂花蜜、百花蜜。

九、单花蜜和杂花蜜其质量和性状有何差异

单一花蜜因品种不同，其质量和性状特点尤为显著，如刺槐蜜色、香、味俱佳、且不易结晶，因此，被列为一等蜜；棉花蜜色泽较浅，花香味淡，容易结晶，属于二等蜜；乌桕蜜呈琥珀色，味甜而带酸，容易结晶，属于三等蜜；荞麦蜜不仅色泽较深，并且有特殊的气味，食用时口感欠佳，划分为等外蜜。从营养价值看，混合蜜并非比单花蜜差，甚至优于单一花蜜，但是其销路不畅，价格偏低。因此，应尽量避免人为地混杂。

十、如何按生产规格与取蜜方法进行分类

按生产规格和取蜜方法可将蜂蜜分为三大类，即分离蜜、压榨蜜、巢蜜。分离蜜又称离心蜜或机蜜、摇蜜，是用摇蜜机从蜜脾中提取出来的蜂蜜；压榨蜜是旧式取蜜法靠挤压生产出的蜂蜜；巢蜜是不经分离而连巢带蜜原封不动在蜜脾巢房里的蜂蜜，也称为脾蜜。巢蜜又可分成大块巢蜜、切块巢蜜和格子巢蜜3个主要品种。

十一、蜂蜜收购工作的特点是什么

蜂蜜收购工作的主要特点是：①有较强的时间性；②有明显的地区性和分散性；③蜂蜜产量的不稳定性；④有较强的技术性。

十二、蜂蜜收购前有哪些准备工作

蜂蜜收购前需要提前做好如下物质准备工作：①根据收购

多少，准备好装运工具，例如蜂蜜专用桶、储存池或运输车等；②准备好蜂蜜检验质量等级、称重的工具和用品，主要包括取样用的扳手、手钳、长柄勺、水舀子、圆木棒、玻璃管、样品瓶、量筒、过滤器、大小铝盆、波美计、糖量仪、水温计。镜头试纸、毛巾、抹布、肥皂及脸盆等，还须准备好衡量器，如磅秤等。

十三、蜂蜜收购的操作规程是怎样规定的

蜂蜜收购操作规定大致如下：①将交售的蜂蜜不同花种和等级分别置放在确定的场地；②检验蜂蜜质量前，若发现漂浮的死蜂等杂质较多，则要求重新过滤，直至符合要求，再予以验收；③检验蜂蜜质量，先用玻璃管吸取上、中、下三层蜜样，以感官检验其色、香、味和形态。如有掺假或异味，按相关规定处理，若疑义，可取样化验；④感官检验合格后，静置一段时间，再测定蜂蜜浓度，可用波美计和糖量仪逐桶测定；⑤质检合格的蜂蜜，应及时在蜜桶上标记花种、等级和蜂场区名称，然后过磅称重；⑥已收下的蜂蜜，应及时入库。蜂蜜桶存放时，每桶按桶规格的90%装桶，不可装得过满。

第五节　蜂蜜的成分和性质

一、蜂蜜的化学成分

不同来源不同品种的蜂蜜，所含成分不尽相同。即使同一来源或同一品种的蜂蜜，因受植物种类、气候条件和产地土壤等各种内外因素的影响，其成分也存在某些差异。

一般而言，蜂蜜味甜，是一种高度复杂的糖类饱和溶液，其中3/4是糖分，1/4是水分，糖中主要是果糖和葡萄糖，占蜂蜜总糖分的85%～95%。双糖中以蔗糖为主，占5%左右。

此外，蜂蜜中还含有蛋白质、氨基酸、色素、有机酸、糊精、胶质物、酶、芳香物质的高级醇、萘素、维生素和由蜜蜂采集时带进来的花粉等。现已从蜂蜜中检测出 180 余种不同的物质。

1. 水分

在蜂巢里，成熟的天然蜂蜜被工蜂用蜂蜡做的盖子封存在巢房里。这种成熟蜜的水分通常为 18% 以下，在南北方不同的气候条件下，成熟蜜的含水量不同，但不超过 21%。成熟蜜具有一定的抗菌性能，不易发酵。在常温下，含水量超过 20% 的蜂蜜就容易发酵变质。

因此，在取蜜和储存蜂蜜时要多加注意。蜂蜜自然水分的含量受多种因素制约，如采集的蜜源植物种类、蜜蜂群势强弱、酿蜜时间长短、温度和湿度，以及蜂蜜的储存方法等，都会造成水分含量的变化。

含水量是蜂蜜的一个重要特征，它对蜂蜜的吸湿性、黏滞性、结晶性和耐藏性有着直接的影响。蜂蜜含水量的表示方法很多，包括百分含量、比重（比重大，则含水量低）、折射率（折射率高，则含水量低）。我国蜂蜜市场上通常用波美比重计的度数表示。

2. 糖类

蜂蜜中的糖类占鲜重的 70%～80%，蜂蜜中的糖分主要是葡萄糖和果糖，其次是蔗糖。不同品种、浓度的蜂蜜所含糖的成分、质量、数量有别。一般情况葡萄糖占总糖分的 33% 以上，果糖占 38% 以上，蔗糖占 5% 以下。

此外，还含有一定量的麦芽糖、松三糖、棉籽糖等多种糖，其含量根据蜂蜜的来源而不同。作为多糖的糊精在优质蜂蜜中含量甚微，只有甘露蜜才含有一定量。人们还从蜂蜜中鉴定出其他一些糖类，如曲二糖、异麦芽糖、黑曲霉糖、龙胆二糖、昆布二糖、松二糖、麦芽三糖、1-蔗果三糖、异麦芽四糖、异麦芽五糖、果糖麦芽糖等。

蜂蜜中果糖和葡萄糖的相对比例对结晶性能影响较大，葡萄糖相对含量高的蜂蜜，如蒲公英蜜和油菜蜜等容易结晶。

果糖和葡萄糖都是具有还原性的单糖，蜂蜜是糖的接近饱和的水溶液，比热甚高。据测定，1 千克蜂蜜可产热量13 180千焦，比牛奶高 5 倍，蜂蜜中的单糖可直接被人体吸收，并马上转化为能量提供给人体利用，是人们公认的最佳能源食物。

3. 酸类

蜂蜜中含有多种酸，且绝大多数为有机酸，其中最主要的是葡萄糖酸和柠檬酸，此外还有醋酸、丁酸、苹果酸、琥珀酸、甲酸、乳酸、酒石酸、氨基酸等；无机酸中有磷酸和盐酸。蜂蜜中的有机酸，绝大多数是人体代谢所需的。这些酸使蜂蜜的 pH 为 4～5，呈弱酸性，并具有特殊的香气，在储藏过程中它们还能减缓维生素的分解速率。

4. 蛋白质

蜂蜜中的蛋白质含量较低，约占 0.26%，主要是酶类。酶，是一种特殊的具有催化能力的蛋白质，具有极强的生物活性。蜂蜜中的酶是蜜蜂在酿蜜过程中添加进去的。蜂蜜含有丰富的酶类，有转化酶（如蔗糖酶、淀粉酶、葡萄糖氧化酶、过氧化氢酶等）、还原酶、脂肪酶等。这些酶主要是蜜蜂在酿蜜时所分泌的，也有少量是由植物分泌的。过氧化氢酶能够抑制细菌细胞膜的合成，是一种有杀菌作用的酶，因此，蜂蜜有很强的防腐作用。

淀粉酶对热不稳定，在常温下储存 17 个月，其含量失去一半，它是衡量蜂蜜品质的一个指标。淀粉酶含量低的蜂蜜品质低下。

5. 矿物质

约占 0.17%，尽管其含量不高，但其含有量和所含种类之比与人体中的血液接近。蜂蜜中所含矿物质种类较多，主要有铁、硫、铜、钾、钠、氯、镁、锰、锌、磷、硅、钴、硒等20余种。蜂蜜中的矿物质直接来自花蜜，因而与植物和土壤有一定的关系。不同的蜂蜜，其矿物质的总量和各组分比例不同。

6. 维生素

蜂蜜中维生素的含量与蜂蜜来源和所含蜂花粉量有关。蜂蜜中的维生素含量少，但种类较多，其中主要是水溶性维生素。蜂蜜中所含维生素以 B 族为最多，每 100 克蜂蜜中含 B 族维生素 $300\sim840$ 微克。目前已发现蜂蜜中含有硫胺素（维生素 B_1）、核黄素（维生素 B_2）、抗坏血酸（维生素 C）、泛酸（维生素 B_3）、生物素（维生素 H）、吡哆醇（维生素 B_6）、叶酸（维生素 Bc）、烟酸（维生素 PP）和凝血维生素（维生素 K）等多种维生素（表2）。

表 2　每 100 克蜂蜜中所含的主要维生素

名　称	含量（毫克）	人体缺乏时出现的症状
硫胺素（维生素 B_1）	$2.1\sim9.1$	脚气病（糖类代谢障碍）
核黄素（维生素 B_2）	$35\sim145$	口角炎
抗坏血酸（维生素 C）	$50\sim650$	维生素 C 缺乏病（多处出血）
吡哆醇（维生素 B_6）	$227\sim480$	生长缓慢、贫血、抵抗力下降
泛酸（维生素 B_5）	$25\sim190$	影响神经和皮肤的正常功能
叶酸（维生素 B_c）	3.0	巨细胞性贫血伴随白细胞减少
烟酸（维生素 PP）	$63\sim590$	发生糙皮病

7. 蜂蜜中还含有什么特效成分？

每 100 克蜂蜜中含有 $1\,200\sim1\,500$ 微克乙酰胆碱，因此人们食用蜂蜜后可消除疲劳，振奋精神。蜂蜜中含有 $0.1\%\sim0.4\%$ 的抑菌素，从而使蜂蜜具有较强的抑菌作用，色素主要有胡萝卜素、叶绿素及其衍生物叶黄素组成。

8. 蜂蜜中还含有哪些其他成分？

蜂蜜含有天然芳香物质，不同的花蜜具有不同的香气和味道，主要来源与蜜源植物花瓣或油腺分泌的挥发性香精油及其酸类。其主要成分是醇及其氧化物，还有酯、醛、酮及游离酸等。

蜂蜜中含有糊精和胶体物质，是由蛋白质、蜡类、戊聚糖类和无机物质所组成的，蜂蜜胶体物质含量决定着蜂蜜的混浊度、起泡性和色泽。浅色蜂蜜胶体物含量一般为0.2%左右，而深色蜜则可达1%。

除此之外，蜂蜜中含有一定量的糖醇类，并含有花粉、蜡质、树脂、生物活性物质、乙酰胆碱、胆碱等。这些物质的存在，为蜂蜜的多功能特效起着重要的或决定性的作用。

二、蜂蜜的理化特性

蜂蜜是一种复杂的天然物质，因此，不同花种的蜂蜜之间，既有共性，又有不同的特性，其共性集中反映为所有的蜂蜜都具有吸湿性、黏滞性、光学特性和常规的化学成分。蜂蜜的不同特性，尤以色、香、味的差异突出，其色泽和香气随不同蜜源植物种类差异较大。刚从蜂巢里取出的新鲜蜂蜜是透明或半透明的黏稠状液体，相对密度为1.401～1.443。多数蜂蜜在低温下放置一段时间后，逐渐产生结晶，变成结晶态固体。

1. 外观

在常温下，蜂蜜是透明或半透明的黏稠状液体，温度低时，出现部分结晶或全部结晶。纯正而优良的新鲜成熟蜂蜜，应为浅白色至棕色，主要有水白色、乳白色、白色和特浅琥珀色、琥珀色、深琥珀色、黄色、棕色。大多数蜂蜜的基本色调为琥珀色，有的在这个基调上略带绿色或红色。色泽是衡量蜂蜜质量的一项感官指标，蜂蜜的色泽主要由花蜜中的色泽所致。

2. 高密度

蜂蜜是一种相对密度较大的液体。完全成熟的蜂蜜在20℃时的密度为1.39～1.42。蜂蜜的含水量不同，其密度也不同，即含水量高的蜂蜜相对密度小，含水量低的蜂蜜相对密度大。温度为20℃时，含水量17%～23%的蜂蜜其相对密度为1.382～1.423。

3. 吸湿性

蜂蜜具有吸湿性。高浓度蜂蜜在湿度大的环境中，能从周围空气中吸收水分；如果环境的湿度很小，蜂蜜能向周围释放出一定量的水分。这种现象通常是在其含水量和空气的相对湿度取得平衡时才消失。经测试，当三叶草蜜含水量在17.4%时，恰好与空气的相对湿度58%取得平衡，蒸发和吸收的水分基本相等。蜂蜜的吸湿性与其特有成分糖的含量及浓度有关。这一特性提示我们必须对蜂蜜的储藏条件和运输、包装方法做出合理的安排。

4. 折光性和旋光性

蜂蜜具有折光性，测定蜂蜜的折射率是鉴定蜂蜜浓度（或含水量）的一种简单而准确的方法。蜂蜜的折射率和相对密度一样，取决于蜂蜜的含水量和温度，随着浓度的增大而递增，随着温度的升高而递减。在20℃时，含水量为17%～23%的蜂蜜折射率为1.478 5～1.494 1。测定蜂蜜折射率的仪器称为折光仪或糖量仪。

蜂蜜是具有旋光性质的物质，它旋光能力的大小与其本身的结构、溶液的浓度、液层厚度、偏振光及温度等因素有关。根据蜂蜜的旋光特性，通过旋光法测定，不仅可以对蜂蜜中糖类成分做定量分析，并且还可以分辨其真伪。一般纯正蜂蜜应该是左旋的，只有极少数（如油菜蜜等）是右旋的。如果蜂蜜中掺入蔗糖或葡萄糖，其左旋就会减小甚至会出现右旋现象。用旋光仪测定蜂蜜的旋光度。

5. 结晶性

蜂蜜的结晶是指蜂蜜内部的葡萄糖结晶核逐渐增大，形成结晶粒并缓慢向下沉降的现象。新分离出来的蜂蜜是清澈的，正开始结晶的蜂蜜则是混浊的；结晶的过程越往后，混浊现象就越厉害。蜂蜜结晶是一种物理现象，蜂蜜从液态变为固态，其营养成分并没有发生变化。

蜂蜜中葡萄糖具有容易结晶的特性，而果糖和糊精几乎不结晶，呈黏稠的胶状液体蜂蜜。结晶的蜂蜜在形态上有油脂状、细粒与粗粒的区别，结晶核数量多而且密集，在形成结晶的过程中很快全面展开，就成油脂状；结晶核数量不多，结晶的速度快时，就成细粒；结晶核的数量少，结晶速度又慢时，就形成粗粒或块状。

蜂蜜结晶受到多种因素的影响。结晶的快慢，取决于以下几个因素：一是蜂蜜中所含的葡萄糖结晶核的多少。结晶核多，结晶就快；结晶核少，结晶就慢。二是温度。蜂蜜结晶最适宜的温度是 13～14℃。当温度低于这个范围时，蜂蜜的黏滞度增大，降低了结晶粒扩散的速度，蜂蜜结晶的速度也是缓慢的；温度升高时，虽然蜂蜜的黏滞度降低了，但糖的溶解度却提高了，从而减少了溶液的过饱和程度，结晶变慢；蜂蜜的温度高于 27℃时，就不容易结晶；温度超过 40℃，结晶的蜂蜜重新融化成液体状态。三是蜂蜜的含水量。未成熟的蜂蜜含水量大，结晶速度变慢或不能全部结晶，使结晶的葡萄糖沉到底部，稀薄的糖液浮在上面，含水量相对增加。因此，这种部分结晶的蜂蜜很容易发酵变质。四是蜜源种类。含葡萄糖、蔗糖多的蜂蜜，容易结晶；而含果糖、糊精和胶体物质多的蜂蜜则不易结晶。如油菜蜜、棉花蜜、向日葵蜜等结晶比较快；而刺槐蜜、枣花蜜等就不易结晶。

6. 发酵性

蜂蜜中含有大量的耐糖酵母，在气温较高、蜂蜜浓度较低时，酵母的生命活动加剧，其呼吸作用会产生大量的二氧化碳，就会产生发酵的现象。

蜂蜜如果储存不当，会引起发酵变质。蜂蜜发酵是由于耐糖性酵母菌对葡萄糖和果糖所起的作用而引起的，其结果是产生酒精和二氧化碳。蜂蜜发酵以后，失去了原有的滋味，带有酒味、酸味和厌人的腐败味，产生大量的白色泡沫，甚至溢出容器。在密封的桶里，发酵的气体有时还会把桶胀裂。当发酵终止以后，蜂蜜色泽变深，含水量升高，酸度增加，酶值下降，总糖量和蔗糖量也下降。蜂蜜中残留发酵后的大量残渣，在显微镜下可观察到有无数的酵母菌尸体。蜂蜜发酵后，品质变劣，降低了食用和利用价值。

蜂蜜的发酵与下面因素直接有关：①蜂蜜中含有酵母菌的数量；②蜂蜜含水量的高低；③有利酵母菌大量繁殖的适宜温度。三者相互作用，缺一不可。

蜂蜜中的酵母菌来源于植物的花朵和土壤，空气中也含有酵母菌，所以当蜂蜜暴露在空气中时，受到酵母菌的浸染，条件适宜时大量繁殖，使蜂蜜发酵。

蜂蜜具有吸湿和结晶的特性。它的表层如果暴露在空气中时便吸收空气中的水分，使表层浓度逐渐变稀，形成一层很薄的稀释层。未成熟的蜂蜜含水量较高，半结晶的蜂蜜液体部分的含水量相应增高，在适宜的温度下，具备上述条件的蜂蜜有利于酵母菌的生长繁殖，引起发酵。

为防止蜂蜜发酵，蜂场（生产者）除了取成熟蜜，注意盛蜜容器的卫生外，还应特别注意蜂蜜的密封储存，在 $10\sim20℃$ 保持储藏室通风、干燥。如有条件可保持在 $5\sim10℃$ 的低温下储存，因为低于 $10℃$ 时，酵母细胞就停止生长，发酵即可能停止，因而能有效防止蜂蜜的发酵和由储存引起的一些变化，如色泽变深，酸度升高，淀粉酶活性下降，含水量增加等。

7. 抗菌性

蜂蜜具有较强的抗菌性，这是由于蜂蜜是一种高渗透性物质，而且呈弱酸性，蜂蜜中还含有溶菌酶和过氧化氢酶等，这些对细菌都有较强的抑制作用。

8. 黏滞度

蜂蜜的黏滞度即抗流动性，人们常称之为稠度。黏滞度高的蜂蜜，流动速度慢，反之，流动速度快。蜂蜜的黏滞度和其他物质特性一样，取决于它的成分，决定蜂蜜黏度高低的主要因素是含水量和温度。温度对蜂蜜黏滞度的影响十分明显，即温度升高时，黏滞度降低；温度降低时，黏滞度增高。有些蜂蜜在剧烈搅拌或激烈振动之下黏滞度降低，但静置后又恢复，这称为摇溶现象或触变性。

9. 热能值

1千克蜂蜜能产生13 726.8焦的热量。

三、相关问题

1. 蜂蜜结晶是否影响食用

蜂蜜结晶是蜂蜜中葡萄糖围绕结晶核形成颗粒，并在颗粒周围包上一层果糖、蔗糖或糊精的膜，逐渐聚结扩展，而使整个容器中的蜂蜜部分或全部形成松散的固体状。蜂蜜结晶是一种物理变化，并非化学变化。因此，对其营养成分和应用价值毫无影响，也不影响食用。蜂蜜结晶后，虽然从液态变为固态，但是含水量和其他成分均没有变化。完全结晶的蜂蜜不易变质，便于储存和运输。但是，结晶蜜给质量检验、加工销售增加了麻烦，不仅有损美观，而且还会使人产生蜂蜜变质的疑虑。

2. 如何防止蜂蜜结晶

为了防止蜂蜜结晶，可在 $60 \sim 65 ℃$ 加热 30 分钟，或在

70℃时保持 5 分钟，然后快速冷却。或用 9 000 赫兹的高频声波处理 15～30 分钟，也可起到抑制结晶的作用。

第六节　蜂蜜的生物学活性及其应用

自古以来蜂蜜就是一种天然食品，因具有多种药理功能和生物活性，是很多国家民间医药用品的重要组成部分。我国的《神农本草经》中把蜂蜜列为"上品"。许多来自民间医学的蜂蜜疗效，目前都得到了科学的证明。

水、蛋白质、核酸、糖类、脂肪、维生素和矿物元素（包括常量元素和微量元素）是人体的主要组成物质和营养成分，这些物质在蜂蜜中全都能找到，只是各种物质的含量和种类的多少不同而已。蜂蜜中最主要的成分是糖类，它占蜂蜜总量的3/4 以上，其中有单糖、双糖、低聚糖和多糖；单糖中的葡萄糖和果糖占蜂蜜总糖含量的 85%～95%，它们可以直接从消化道吸收进入血液或组织液，然后运送到相应的器官或组织中以作为生命活动的主要能量来源，也可以通过体内相应的生化反应转化为脂肪酸和相应的氨基酸等满足生理上的需要。因此，蜂蜜是消化功能欠佳的婴幼儿、老年人及体弱多病者的最佳食品，也是运动员、重体力劳动者和高强度的脑力劳动者的最直接、最有效的能量来源。

一、蜂蜜中的活性物质

国内外研究发现，蜂蜜中含有水分、碳水化合物、酸类化合物、维生素、矿物质、蛋白质（生物酶）、羟甲基糠醛（HMF）、芳香类化合物等 180 多种成分，其组成与蜜源植物种类、产地环境、气候和生产技术有关。不同品种蜂蜜的组成有所不同，不同产地、不同季节生产的相同品种蜂蜜的组成也有所差异。

蜂蜜中含有淀粉酶、蔗糖转化酶、葡萄糖氧化酶、过氧化氢酶、溶菌酶、磷酸酶、脂酶等多种生物酶，主要来源于蜜蜂的唾液，属动物来源性生物酶。

淀粉酶和蔗糖转化酶是蜂蜜中的主要生物酶，也是蜂蜜中的主要活性物质。蜂蜜中淀粉酶活性可衡量蜂蜜的成熟度、新鲜程度、掺假程度及加工储存条件优劣，是蜂蜜的重要质量指标。蜂蜜中蔗糖转化酶活性同样可衡量蜂蜜的成熟度、新鲜程度、掺假程度及加工储存条件优劣，作为评定蜂蜜质量的重要指标，其精确度比淀粉酶活性和羟甲基糠醛含量指标更高。

蜂蜜中的淀粉酶和蔗糖转化酶的热稳定性比菌类淀粉酶和蔗糖转化酶低，更易发生热变性而失活。蜂蜜中蔗糖转化酶的热稳定性比淀粉酶低，在同样热处理条件下，蜂蜜中蔗糖转化酶比淀粉酶失活快。淀粉酶活性高的蜂蜜，其蔗糖转化酶活性也高。

蜂蜜中淀粉酶和蔗糖转化酶的热失活速率常数和半衰期均表示其热失活快慢。热失活速率常数越大，半衰期越短，热失活越快。

1. 淀粉酶

蜂蜜中的淀粉酶在蜂蜜酿制过程中可使花蜜中的淀粉水解成葡萄糖、麦芽糖和糊精，食入后有助于人体消化吸收。新鲜成熟蜂蜜中淀粉酶活性为2~50毫升（1%淀粉溶液）/（克·小时）。蜂蜜中淀粉酶对热敏感、容易失活。不同国家对蜂蜜的淀粉酶值有不同要求，中国蜂蜜国家标准规定蜂蜜的淀粉酶活性需保证在4毫升（1%淀粉溶液）/（克·小时）以上〔荔枝蜂蜜、龙眼蜂蜜、柑橘蜂蜜、鹅掌柴蜂蜜在2毫升（1%淀粉溶液）/（克·小时）以上〕。

2. 蔗糖转化酶

蜂蜜中的蔗糖转化酶在蜂蜜成熟过程中起着重要的作用，可把花蜜中的蔗糖转化为葡萄糖和果糖，并在储藏过程中继续作用，使蔗糖含量持续下降，还原糖的含量相应升高，食入后可提高人体对糖类物质的消化吸收能力。蜂蜜中蔗糖转化酶对热敏感、容易变性失活，其热稳定性低于淀粉酶。

蔗糖转化酶活性作为评价蜂蜜质量指标的研究，已有文献报道。L. P. Oddo 等研究发现，蔗糖转化酶比淀粉酶对热更敏感，蔗糖转化酶活性受加工温度的影响比羟甲基糠醛（HMF）大，蔗糖转化酶活性作为评定蜂蜜加工和储存质量指标比淀粉酶活性和 HMF 含量更精确。Josep Serrra Bonvehi 研究发现，加工温度对蜂蜜中蔗糖转化酶活性的影响比 HMF 含量大，蔗糖转化酶活性作为评定蜂蜜加工和储存质量指标比 HMF 更精确。这表明蔗糖转化酶活性是比淀粉酶活性和 HMF 含量更精确的蜂蜜质量指标。

蜂蜜中的蔗糖转化酶主要来源于蜜蜂的唾液，属动物来源性蔗糖转化酶，与菌类蔗糖转化酶相比，其更易发生热变性而失活，其热稳定性更低。蜂蜜中蔗糖转化酶活性的衡量单位有蔗糖转化酶值（Invertase number，缩写为 IN）或毫克（蔗糖）/（克·小时），Siegenthaler 单位/千克（蜂蜜）或 Siegenthaler 单位/千克（蜂蜜）两种。蜂蜜的蔗糖转化酶值（IN）是指 1 克蜂蜜中所含蔗糖转化酶在 45℃下、1 小时内能使蔗糖转化为果糖和葡萄糖的量。Siegenthaler 单位/千克（蜂蜜）或 Siegenthaler 单位/千克（蜂蜜）是指 1 千克蜂蜜中所含蔗糖转化酶在最适条件下、1 分钟内可使多少微摩尔蔗糖转化成果糖和葡萄糖，1 个单位 = 0.021 DN（Diastase number）或毫克/（克·小时）。测定蜂蜜中蔗糖转化酶值的方法有 3，5-二硝基水杨酸比色法和铁氰化钾法。测定蜂蜜中蔗糖转化酶的 Siegenthaler 单位/千克（蜂蜜）的方法有分光光度法（Siegenthalermethod）。新鲜成熟蜂蜜中蔗糖转化酶活性为20～260 毫克（蔗糖)/（克·小时）或 3.4～224.8 单位/千克。

与其他生物酶一样，构成蔗糖转化酶蛋白的二级结构单位，如 α-螺旋、β-折叠和转角等是相对刚性的，构成蔗糖转化酶蛋白的环结构和无规则卷曲构成的局部区域是相对柔性的。蔗糖转化酶蛋白不仅有完整的三维空间结构，还具有相对刚性和相对柔性。蔗糖转化酶的活性部位通常由生物酶分子中的残基侧链活性基团及辅基构成，一般位于生物酶分子的凹槽或两结构域或两瓣的结合处，具有相对柔性，活性部位基团的运动性较大。在热的作用下，开始阶段，蔗糖转化酶蛋白分子整体刚性部分构象保持完整，而柔性部位的局部结构发生变化，如活性基团的相互靠近、立体取向受到破坏，导致蔗糖转化酶活性的热损失即热失活。随后，蔗糖转化酶蛋白分子刚性部分逐渐变化，直至蔗糖转化酶活性彻底损失。蔗糖转化酶的热失活一般为零级或一级不可逆反应。

3. 葡萄糖氧化酶和过氧化氢酶

蜂蜜中的葡萄糖氧化酶可将蜂蜜中的葡萄糖氧化为葡萄糖酸和过氧化氢，过氧化氢具有抗菌作用，可延长蜂蜜的保存期。新鲜成熟蜂蜜中葡萄糖氧化酶活性 3～9 毫摩尔（葡萄糖）/（克·小时）。蜂蜜中的过氧化氢酶可将过氧化氢分解成水和氧气。蜂蜜中葡萄糖含量越高、葡萄糖氧化酶含量或活性越高、过氧化氢酶含量或活性越低，蜂蜜的抗菌作用越强。

4. 羟甲基糠醛（HMF）

HMF 是一种对人体有害的物质，新鲜蜂蜜中 HMF 含量很低，一般不会超过 10 毫克/千克。但在蜂蜜的热处理过程中，由于有酸类化合物的存在，蜂蜜中的糖类化合物会发生脱水反应而生成 HMF，进而提高蜂蜜中的 HMF 含量。蜂蜜中 HMF 的含量是决定蜂蜜质量的另一重要指标，可反映蜂蜜的新鲜程度、加工处理条件优劣，也可鉴别蜂蜜中是否掺入人工转化糖。

5. 芳香类化合物及其他

蜂蜜中芳香类化合物包括芳香醇类、芳香醛类及芳香酯类化合物，大部分来源于花蜜，少部分产生于蜂蜜的酿制过程。蜂蜜中芳香类化合物赋予蜂蜜独特的香气。此外，蜂蜜中还含有花粉、类黄酮、生物碱及过氧化氢等。

黄酮类化合物是蜂蜜中最主要的酚类化合物。蜂蜜中的黄酮类化合物主要来自植物花蜜、花粉和蜂胶，含量普遍在 20 毫克/毫升左右。蜂蜜中的黄酮类化合物主要是以配基和糖苷形式存在的黄酮醇、黄烷酮。由于蜂蜜蜜源植物的不同，其所含黄酮类化合物的含量和种类也有所差别。法国的向日葵蜜中的黄酮类化合物占到总酚含量的 42%，主要有短叶松素、白杨素、生松素、高良黄素、斛皮素。瑞士蜂蜜中的黄酮类化合物主要来自蜂胶，其中短叶松树素是普遍含有的黄酮类化合物。同时，蜜源植物的种植地区也会影响蜂蜜中黄酮类化合物的种类。北半球所采集的蜂蜜，其所含的黄酮类化合物主要来自蜂胶，产自赤道地区和澳大利亚蜂蜜中的黄酮类化合物则主要来自花粉和花蜜等其他植物部位。

酚酸是蜂蜜中另一主要酚类化合物。苯甲酸和肉桂酸及它们的酯是蜂蜜中最常见的两种酚酸类化合物。根据蜜源植物的不同，每 100 克蜂蜜中酚酸含量为 10～1 000 微克。蜂蜜所含酚酸的种类有很大差异，有些酚酸化合物则是某种蜂蜜所特有的，因此蜂蜜中的酚酸类化合物常用来鉴别蜂蜜的蜜源植物。研究发现，石楠花蜜中主要含有鞣花酸和脱落酸两种酚酸化合物。栗子蜜、薰衣草蜜和金合欢蜜中主要含有羟基肉桂酸、咖啡酸、香豆酸和阿魏酸。新西兰的麦芦卡蜜中酚酸类化合物平均含量为每 100 克蜂蜜含 14.0 毫克，其中没食子酸含量最高，鞣花酸和绿原酸次之。

二、蜂蜜中活性物质的抗氧化性

自由基生物学研究认为，许多疾病与自由基导致的生物大分子如蛋白质、脂质以及 DNA 氧化损伤有关，尤其是活性氧如超氧阴离子自由基、羟基自由基、脂质自由基与心脑血管疾病、糖尿病、癌症等密切相关。近年来，对自由基和抗氧化剂的研究成为热点，寻找筛选具有阻断氧自由基形成或抑制细胞膜过氧化活性的药物研究越来越受到人们的关注，其中对酚类化合物的研究是天然抗氧化剂研究中的热门领域之一。

蜂蜜是公认的具有多种生物活性的天然食品，在医疗上得到广泛应用，尤其在预防和治疗脑卒中、创伤、烧伤、白内障等眼科疾病、溃疡等肠胃疾病方面取得了较好的效果。以往人们认为蜂蜜之所以能够对上述疾病有一定的治疗效果，归因于蜂蜜的抑菌性质。近年来，随着对蜂蜜研究的不断深入，发现蜂蜜中存在大量的酚类化合物。例如产自西班牙的葵花蜜中含有茨菲醇、槲皮素、柑橘黄素和生松素等，产自新西兰的蜂蜜中也检测出了大量的酚类化合物。这些化合物不仅具有很强的抗氧化活性，而且具有抑菌活性。由于蜜源植物种类众多，不同蜂蜜的化学组分不同，其抗氧化能力也存在差异。

近年来，国外对单花蜜的研究和开发不断深入，在对传统蜂蜜生物活性成分深入研究的基础上，发现蜂蜜中含有大量的黄酮类化合物，尤其是深色蜂蜜，其抗氧化作用比浅色蜂蜜强。例如从葵花蜜中分离出数种黄酮化合物，并证明其对自由基有清除作用。新西兰和澳大利亚科学家研究发现，产自澳洲的麦芦卡蜜对促进伤口愈合有显著作用，并发现与蜂毒混合后，用来治疗关节炎、风湿性关节炎等炎症，能取得很好的效果。因此，蜂蜜的抗氧化活性和抗氧化成分成为研究的热点。

1. 蜂蜜抗氧化活性在生物体中的研究

蜂蜜的抗氧化能力具有生物可利用性，是一种潜在的生物抗氧化剂。Gheld 研究了 25 位健康人在服用蜂蜜水、黑茶、黑茶加糖、黑茶加蜂蜜这 4 种饮品后的血清抗氧化能力，发现服用蜂蜜水后人的血清抗氧化能力上升了 7%，而服用其他几种饮品血清抗氧化能力变化不大。在服用高总酚含量的荞麦蜜 1 小时和低总酚含量的荞麦蜜 2 小时后，血浆抗氧化能力和还原力均有所上升。玉米糖浆在服用 6 小时后，血浆抗氧化能力才有所上升，但还原力改变不大。

2. 蜂蜜抗氧化活性在食品中的研究

油脂的氧化酸败是影响食品品质的重要因素，抗氧化剂在食用油脂和富脂食品中的应用可有效延缓或阻止氧化。然而合成抗氧化剂往往具有一定的毒副作用，人们越来越趋向于将注意力放在对天然抗氧化剂的研究和使用上。Gheld 研究了荞麦蜜、草木梅蜜、大豆蜜、刺槐蜜 4 种不同种类蜂蜜对储藏在 4℃下的煎熟火鸡肉饼的脂质氧化抑制作用。结果表明：4 种蜂蜜均能有效抑制肉饼的脂质过氧化。其中荞麦蜜的抑制率达 70% 以上，抑制效果强于同浓度的生育酚和丁基羟基甲苯。因此，蜂蜜不仅能增加食品的风味，还是一种天然食品抗氧化剂。

3. 蜂蜜总酚含量与抗氧化能力的关系

大量研究表明，酚类化合物在蜂蜜的抗氧化活性中起到主要的作用。Gheldof 从 7 种不同种类蜂蜜中鉴别分离出酚类化合物、葡萄糖氧化酶、抗坏血酸、过氧化氢酶、过氧化物酶，并测定了蜂蜜的抗氧化能力。在自由基吸收能力（ORAC）实验中，每克蜂蜜的 ORAC 值相当于 3.1～13.6 毫摩尔的 Trolox（表示抗氧化能力的单位）。蜂蜜的抗氧化能力与其所含酚类化合物的含量有很高的相关性，但与抗坏血酸含量和酶活性的相关性很低。Mohamed 测定了也门的 5 种不同种类蜂蜜的总酚含量和抗氧化能力。5 种蜂蜜的总酚含量为 56.32～246.21 毫克/克蜂蜜，总酚含量最高的蜂蜜抗氧化能力最强。

4. 蜂蜜颜色与抗氧化能力的关系

蜂蜜的抗氧化能力与其颜色深浅有一定关系。在 Frankel 研究的 14 种蜂蜜中，颜色最深的荞麦蜜、蓝果树、圣诞草莓、向日葵 4 种蜂蜜，其抗氧化能力强于其他蜂蜜。许多研究都发现颜色较深的荞麦蜂蜜较其他蜂蜜拥有更强的抗氧化能力。这可能是由于蜂蜜的颜色越深，其具有抗氧化活性的色素（例如类胡萝卜素和黄酮类化合物）含量越高。因此，从蜂蜜的颜色可推测其抗氧化成分，并且可以作为潜在评价蜂蜜抗氧化能力的指标。但是也有相反报道：朱明元等人用深色枣花蜂蜜和浅色槐花蜂蜜做实验，观察蜂蜜的颜色深浅对其抗氧化能力的影响，结果发现蜂蜜对小鼠肝脏 MDA 及 SOD 的作用不受蜂蜜颜色深浅的影响。

5. 蜂蜜与普通食物抗氧化能力的比较

蜂蜜所含抗氧化成分低于大多数有抗氧化作用的食物。多数水果和蔬菜中的抗氧化成分尤其是脂溶性抗氧化剂的含量显著高于蜂蜜。因此，蜂蜜不是可食抗氧化剂的主要来源。但有研究表明，蜂蜜中的酚类化合物是以糖苷配基形式存在的，比起茶多酚更易被肠胃吸收，有更高的生物利用性。同时蜂蜜可口的风味不仅使它成为人们喜爱的保健品，也可代替糖作为甜味剂大量应用于功能性食品加工中。

第七节　蜂蜜的质量标准与鉴别方法

蜂蜜的质量标准是指根据蜂蜜的来源、物理化学特性、卫生指标制定的蜂蜜品质的具体条例。主要包括蜂蜜的一般性状（感官指标）、理化指标、卫生指标及其检测的方法。

1890 年意大利政府对蜂蜜的品质曾有过简单规定。19 世纪 60 年代以来，世界各主要的蜂蜜生产国和进口国都先后制定了各自的蜂蜜质量标准。1979 年欧洲经济共同体根据联合国粮农组织欧洲委员会的建议，制定了蜂蜜标准。拉丁美洲 21 个国家代表委员会通过的食品规则中，也包括了蜂蜜标准。英国伦敦南岸综合专科技术学校分别于 1982 年、1984 年两次组织了加拿大主持的蜂蜜标准讨论，拟定了一个国际蜂蜜标准草案供世界各国参考。但由于各个国家自然环境及食用习惯不同，其标准均有差异。

　　1965 年我国商业部颁布了蜂蜜质量标准（WM 21—65），1982 年做了修改，颁布了《中华人民共和国商业部标准 GH 012—82 蜂蜜》。该标准根据蜜源花种的色、香、味分成三等，根据浓度高低分为四级，并规定了 8 项理化指标（水分、还原糖类、蔗糖、酶值、酸度、费氏反应、发酵症状、掺入可溶物质）。2002 年，蜂蜜国家标准（GB/T 18796—2002）正式发布实施。2005 年，新的强制性蜂蜜国家标准（GB 18796—2005）发布实施。2011 年 4 月 20 日，国家卫生部发布《GB 14963—2011 食品安全国家标准蜂蜜》。自 2011 年 10 月 20 日起，这一标准正式实施，并代替 2002 年和 2005 年出台的蜂蜜国标。又于 2012 年修订为行业标准《GH/T 18796—2012 蜂蜜》，由强制性标准改为推荐性标准。

一、蜂蜜的感官质量要求

1. 蜂蜜的感官指标要求是如何规定的

　　蜂蜜的感官指标要求是：①单一花蜜应具有主要花源本身特有的良好气味，品质纯正；混合蜜要具有花源的良好气味，色泽正常。②蜂蜜中不得混有死蜂、蜡屑、蜜蜂幼虫及其肉眼可见固体物质。③蜂蜜中不得有油、腥等异味，及液体"杂质"。④蜂蜜不得受到抗生素、农药和重金属污染。⑤蜂蜜不得有发酵症状，不得掺入可溶性物质。⑥商品蜜的收购起点应符合部颁标准规定的浓度。蜂蜜最低收购起点：黄灌流域及以北地区为 40 波美度，黄河以南地区为 39 波美度。

2. 蜂蜜的等级划分是如何规定的

根据蜜源花种和色、香、味等特点，我国将蜂蜜划分为三等。

一等蜜有荔枝、柑橘、椴树、刺槐、紫云英、白荆条等。其色泽为浅水白色、白色到浅琥珀色。呈透明黏稠状的液体，香气纯正、气味清香或芳香馥郁，滋味甜润，具有蜜源植物特有的花香味。无死蜂、幼虫、蜡屑及其他杂质。

二等蜜有油菜、枣花、葵花、棉花、芝麻、苜蓿、果花、瓜花等，其色泽有浅琥珀色。黄色、琥珀色。透明度较好，香气纯正，气味浅香或浓香，味道较好，滋味纯正甘甜，具有蜜源植物特有的花香味。无杂质。

三等蜜有乌桕、韭菜、大葱、皂角花等。其色泽较深，有黄色、琥珀色、深琥珀色，透明度略差，气味浓香，味道甜腻，无异味，无杂质。等外蜜有荞麦、桉树等。品质较差，色泽很深，有深琥珀色、棕色，为半透明状黏稠液体或结晶体，味道甜，香气浓烈，有刺激味。

总之，凡是色泽浅淡、气味芬芳、味道甜润、透明度好的蜂蜜，其等级就高；反之，等级则低。凡在同等蜂蜜中混有低等蜂蜜时，按低等蜜定等级；凡同等之间的混合蜜，只要色、香、味、形符合该等级的性状特征，就应该维持原等级；凡用旧式取蜜法取蜜，蜜液浑浊不透明、色泽较深、有刺激味的蜂蜜可作为等外蜜。

二、蜂蜜的理化质量要求

1. 强制性理化要求

见表 3。

表3 蜂蜜的强制性理化要求

项　　目		一级品	二级品
水分/%	≤		
除下款以外的品种		20	24
荔枝蜂蜜、龙眼蜂蜜、柑橘蜂蜜、鹅掌柴蜂蜜、乌桕蜂蜜		23	26
果糖和葡萄糖含量/%	≥	60	
蔗糖含量/%	≤	5	
除下款以外的品种			
桉树蜂蜜、柑橘蜂蜜、紫苜蓿蜂蜜		10	

2. 推荐性理化要求

见表4。

表4 蜂蜜的推荐性理化要求

项　　目		一级品	二级品
酸度/［（1摩尔/升氢氧化钠）毫升/千克］	≤	40	
羟甲基糠醛/（毫克/千克）	≤	40	
淀粉酶活性(1%淀粉溶液)/［毫升/（克·小时）］	≥	4	
除下款以外的品种			
荔枝蜂蜜、龙眼蜂蜜、柑橘蜂蜜、鹅掌柴蜂蜜		2	
灰分/%	≤	0.4	

三、蜂蜜的安全卫生要求

1. 理化指标

见表5。

表5 蜂蜜的理化指标

项　　目		指标
铅（Pb）/（毫克/千克）	≤	1
锌（Zn）/（毫克/千克）	≤	25
四环素族抗生素残留量/（毫克/千克）	≤	0.05

2. 微生物指标

见表 6。

表 6　蜂蜜的微生物指标

项　　目		指标
菌落总数/（菌落形成单位/克）	≤	1 000
大肠菌群/（MPN/100 克）	≤	30
致病菌（沙门氏菌、志贺氏菌、金黄色葡萄球菌）		不得检出
真菌/（菌落形成单位/克）	≤	200

四、蜂蜜的真实性要求

蜂蜜中不得添加或混入任何淀粉类、糖类、代糖类物质。采用稳定碳同位素比率法测定蜂蜜中碳－4 植物糖含量不得大于 7％；不得添加或混入任何防腐剂、澄清剂、增稠剂等异物；如果在蜂蜜中添加其他矿物、生物或其提取物及分泌物、工业生产物质，则不应以"蜂蜜"或"蜜"作为产品名称或名称主词。

五、蜂蜜的简单鉴别方法（主要指感官的简单鉴别）

1. 看：看色泽、看结晶、看杂质、看挂壁

不同蜜源植物的蜂蜜颜色不同，不同的蜂蜜结晶也不相同。但对于市售瓶装蜂蜜，因其在加工过程中已破坏了蜂蜜的结晶，因此无法对结晶进行鉴定。

蜂蜜中如有杂质存在，会对蜂蜜的品质起到一定的影响。因此，可把蜂蜜倒在透明的容器里，对着阳光看，就可鉴别杂质是否存在。

看挂壁，主要是看蜂蜜的黏稠度，可把盛在玻璃瓶里的蜂蜜摇晃几下，然后倒转瓶子，看蜂蜜在瓶壁上有否挂壁，有挂壁且挂壁时间越长越好。

2. 闻：主要是对香气的鉴别

每种蜂蜜均有其独特的香味，通过嗅其香味或酸味以及其他异味，可以在某种程度上确定品种和质量。纯正单一花蜜，多与其花香气味相同，如发酵变质，便有一股酵酸味或酒精味；如掺入较多的白糖或淀粉，便失去花蜜的特有的香气，为了便于通过鼻嗅准确地辨别各种蜂蜜，可事先准备各种纯正单一的蜂蜜样品，密封于小瓶中，鼻嗅检验时，可以将其作为标准对照。

3. 尝：主要是对味道的判别

本法可与嗅觉检验法相配合，用于判断甜、咸、香、酸、苦、涩等各种滋味，进而确定蜂蜜自然品质的优劣，或者是否有掺假现象。蜂蜜的味道，还包括口感、喉感和余味。品尝时以样品蜜为对照，纯正的蜂蜜味甜，有蜂蜜特有的香味且口感绵软细腻，喉感略带麻辣感，后味悠长，给人一种芳香甜润的感觉或有极轻微的淡酸味，唯有掺入蔗糖的蜂蜜，虽有甜感却不香，后味短暂；若掺入糖精，后味较长，但有苦味；若掺入淀粉，甜味下降，香味减弱。用口尝时，应把蜂蜜布满整个口腔，然后徐徐吞下。注意舌尖、口腔两侧、喉头的感觉。区分不同层次的香味，对各种味道细细品味，好的蜂蜜气味清香，留香持久，喉感舒服清润。

4. 试浓度

用一支筷子搅拌蜂蜜，再把筷子慢慢垂直提起，如果筷子上粘的蜂蜜很快呈直线下流，则浓度较低；如筷子上粘的蜂蜜呈珠状缓慢下滴，则浓度较高。可挑少许鲜蜜，滴在吸水纸上，如果蜜滴四周有水分并迅速扩散，说明含水量较高，此方法只能判别蜂蜜水分的高低，不能判别蜂蜜的真假。

六、如何鉴别蜂蜜是否发酵

稀薄蜂蜜发酵是一种正常现象，鉴别蜂蜜是否发酵，在感官鉴定中主要靠眼看，来观察有无发酵产生的气泡；还有用鼻嗅和口尝，评判其有无发酵酸味。蜂蜜发酵初期，能闻到一股淡淡的酸味，蜜液表面有少量泡沫漂浮。蜂蜜发酵严重时，产生的气泡越来越多，会造成蜜液膨胀，汁液四溢现象，并有较强烈的酸味和酒味，蜜液浓度明显下降，显得越发稀薄。蜂蜜是否发酵，也可通过观察其容器口予以判断，需要注意的是，容器口不可拧紧盖严，否则会造成容器胀裂或变形。

七、如何检验蜂蜜中的杂质

蜂蜜中的杂质，有采收时混入的死蜂、蜡屑、蜜蜂幼虫、风刮入的泥沙、草叶，以及存放过程保管不当落入的昆虫、灰尘、沙石等。蜂蜜中如果含有上述杂质，就会影响其色泽、透明度，破坏其质量。检查蜜蜂中的杂质，主要是通过肉眼观察，必要时，也可用 60 目滤蜜器过滤检查。另有一法：取少量蜂蜜放入试管，加 5 倍的蒸馏水溶解。静置 12～24 小时后观察。如无沉淀物，则为优质蜂蜜；有沉淀物则说明混入杂质。口感绵软细腻，喉感略带麻辣感，后味悠长，给人一种芳香甜润的感觉，或有极轻微的淡酸味；掺入蔗糖的蜂蜜，虽有甜感却不香，后味短暂；若掺入明矾，有涩口的感觉；若掺入淀粉，甜味下降，香味减弱。

八、怎样从形状来判断蜂蜜的质量

主要是看其形态是液态还是晶态，以此来确定该品的真伪。这是因为，有些蜂蜜含有的果糖较高就不易结晶，如刺槐、紫云英等蜜一般是不结晶的，如果在正常情况下出现结晶，说明该品种混有其他蜜种。而油菜、棉花等蜂蜜含有葡萄糖较高，往往容易结晶，储存一段时间若不结晶或结晶不规则，即视为不正常现象，或浓度过低水分太高，或掺有大量异物等，可予以理化分析做出进一步检测。

九、蜂蜜中掺入淀粉如何检验

掺有淀粉的蜂蜜用手捻感觉滑而不黏，用口尝清淡而无味，可通过滴加碘液作显色反应测试：称取蜂蜜试样1克于试管中，加入10毫升蒸馏水，振荡溶解，加热至沸点，然后冷却至室温，加入0.1摩尔/升碘液1～2滴，若试液变为蓝色，证明蜂蜜中掺有淀粉。

十、蜂蜜中掺入饴糖如何检验

蜂蜜中掺入饴糖的可疑蜂蜜可用乙醇（酒精）测试：取蜜液2克加入等量净水中摇匀，注入10毫升95％浓度的乙醇，如出现乳白色絮状物质。则证明蜜中掺有饴糖，其原理是饴糖中的糊精在酒精中不易溶解。

十一、蜂蜜的含水量如何测定

测定蜂蜜中的水分是重要指标之一，也是蜂蜜成熟度的标志。蜂蜜是由水分和干物质两大部分组成的，水分与干物质的和就是蜂蜜的总量。因此，测定蜂蜜中水分的方法可分为两类：一类是直接测定水分，一类是直接测定干物质（间接测定水分）。测定蜂蜜中的水分，比较常用的方法主要以下几种：①阿贝折光计法，在40℃时读取标尺上的折光指数，再计算出水分结果。②也可用手持糖量仪测定法，测出蜂蜜的含糖百分比，然后由表查出水分的含量。③还可用波美计测定法，计算出蜂蜜的浓度后，由表查出水分的含量。

第八节　如何选购蜂蜜

一、如何选购优质的蜂蜜

不同种类的蜂蜜含有的营养成分大致相同，但其口味和药用价值略有不同。一般颜色浅的蜜，味道也清香，口味淡的人可选购这类蜜，如洋槐蜜、芝麻蜜和棉花蜜，口味浓者可选购枣花蜜、椴树蜜和紫穗槐蜜等。荞麦蜜的口感不好，但是它具有止咳化痰的功效。因此，购买哪一种蜂蜜，应该由消费者根据个人的爱好和需求来决定。但对于同一种蜂蜜，由于来源、加工不同，质量会有差异，在选购蜂蜜时可以参照下面的原则。

1. 看外观

俗话说："好蜜光如油。"蜂蜜色泽柔和，光亮透明，晃动蜜瓶时颤动很小，停止晃动后，挂在瓶壁的蜜液缓缓流下，这样的是好蜜；反之，颜色差，暗淡浑浊，黏度较差，香气不浓的蜜质量不好。好蜜应有韧性，不应太黏，可用小汤匙盛蜂蜜让它滴下，用筷子挑起蜂蜜，能拉成长丝的，丝断会自动回缩且呈球状的为上品。将蜜与水按 1：5 的比例混合，放置 24 小时后，无沉淀的为佳品。

2. 识包装

选购瓶装的蜂蜜，消费者最好在正规的经销处，购买经质量检验合格的产品。瓶装蜂蜜无法通过看、尝等手段，购买时应注意产品的包装，包装上的标签至少应包括产品名称、净含量、产品标准号、生产日期和保质期以及生产商或经销商的名称和地址等。在小区的市场里，经常会有一些小商贩卖散装的蜂蜜，他们称自己的蜜是"自产自销，绝对纯正"。这些小商贩的蜂蜜即使没有掺假，卫生指标也很难达到要求，而且，当消费者发现自己上当受骗时也很难通过合法的手段保护自己的合法权益，因为这些商贩流动性大，也没有确切的厂址和电话，执法部门很难处理。因此，购买蜂蜜时，最好选择有良好信誉的企业的产品，不要只图方便、便宜而购买质量不过关的产品。

3. 看价格

价格贵的蜜一定是好蜜吗？不一定。各种蜂蜜的价格差异由蜂蜜的产量、质量、消费者喜好以及市场等因素共同决定。在国内，色泽浅、气味清香的蜂蜜，如荔枝、龙眼、野桂花、柑橘、洋槐等品种的蜂蜜容易被消费者接受，价格就高一些；而色泽较深、香气浓重的蜂蜜，如桉树、乌桕、荞麦、油菜等品种的蜂蜜，只有少数人喜欢，价格较低。这些都是正常的，但如果价格过低，就要警惕质量问题，价格低于蜂蜜的成本，不合理了。

二、常见蜂蜜的特征

下面是一些常见蜂蜜的特性，可供消费者选购时参考。

（1）紫云英蜜

色泽淡白微显青色，有清香气，滋味鲜洁，甜而不腻，不易结晶，结晶后呈粒状。

（2）油菜蜜

色泽浅白黄，有油菜花般的清香味，味甜润，稍有浑浊，容易结晶，其晶粒特别细腻，呈油状结晶。

（3）茗子蜜

色泽淡白微显青色，有清香气，滋味没有紫云英蜜鲜洁，甜味也稍差。

（4）棉花蜜

色泽淡黄，味甜而稍涩（随成熟程度增加而逐渐消失，结晶颗粒较粗）。

（5）乌桕蜜

色泽浅黄，具有轻微的醇酸甜味，回味较重，润喉感较差，容易结晶，呈粗粒状。

（6）芝麻蜜

色泽浅黄，滋味甜腻，有一股清香气。

（7）枣花蜜

色泽呈中等的琥珀色，蜜汁透明，滋味甜，具有特殊的浓烈气味，结晶粒粗。

（8）荞麦蜜

色泽金黄，滋味细腻，口重，有强烈的荞麦气味，颇有刺激性，结晶呈粒状。

（9）柑橘蜜

品种繁多，色泽不一，一般呈浅黄色，具有柑橘般香甜味，食之微有酸味，结晶粒细，呈油脂状结晶。

（10）枇杷蜜

色泽淡白，香气浓郁，带有杏仁味，甜味香洁，结晶后呈细粒状。

（11）槐花蜜

色泽淡白，有淡香气，滋味鲜洁，甜而不腻，不易结晶，结晶后成细粒，油脂状凝结。

（12）荔枝蜜

色泽微黄或淡黄，具有荔枝香气，稍有刺喉的感觉。

（13）龙眼蜜

色泽淡黄，具有龙眼花的香气，滋味纯香甜蜜。

（14）百花蜜

色泽深，是多种花蜜的混合蜂蜜，味甜，具有天然蜜的香气，花粉组成复杂，一般有5～6种以上的花粉。

（15）椴树蜜

色泽浅黄或金黄，具有令人悦口的特殊香味。蜂巢椴树蜜带有薄荷般的清香滋味。

（16）葵花蜜

色泽呈浅琥珀色，气味芳香，滋味甜润，容易结晶。

（17）荆条蜜

色泽白，气味芳香，滋味甜润，结晶后细腻色白。

（18）草木蜜

浅琥珀或乳白色，质地浓稠透明，气味芳香，滋味甜润。

（19）山花椒蜜

色泽呈深琥珀或深棕色，质地黏稠半透明，滋味甜，有刺喉异味。

（20）桉树蜜

色泽呈琥珀或深棕色，滋味甜，有桉树异臭，有刺激味。

第十节　蜂蜜的加工与储存

一般来说，成熟的蜂蜜，浓度较高，具有较强的抗菌性，不易变质，符合食品卫生要求，可直接食用。但有时我们得到的蜂蜜水分偏高或混有杂质，为了防止发酵或结晶，我们要对蜂蜜进行初加工，以达到商品要求。蜂蜜的初加工一般包括加热熔化、解晶液化、过滤去杂、浓缩除去多余水分等过程，特殊品种蜂蜜还要脱色脱味、促结晶等。

一、蜂蜜的一般加工方法是怎样的

蜂蜜一般加工技术的工艺流程是：原料检验→选料配料→预热→低热融蜜解晶→粗滤→沉淀浮渣→中滤→升温→精滤→减压浓缩→冷却→成品检验→分装。

二、加工对蜂蜜质量有何影响

在我国，人们出于销售的目的，通常对蜂蜜进行加工处理，而加工对蜂蜜的质量或多或少会带来一定的影响。所以，加工时应严加注意，力争把不良影响控制在最低限度。不适当的加工对蜂蜜质量的影响主要有以下几方面：①酶值降低；②羟甲基糠醛含量增加；③抗菌能力降低；④维生素损失；⑤对蜂蜜的色、香、味均有影响；⑥使蜂蜜增加了遭受金属污染的可能。

三、家庭保存蜂蜜的注意事项

1. 要根据蜂蜜的品种和浓度控制好温度

①水分含量低的北方优质蜂蜜，如枣花蜜、椴树蜜、荆条

蜜等，比较好保存，不需要什么特殊的条件，干燥、通风、清洁就可以。②而不成熟的蜂蜜，含水量高，容易发酵变质，不利于保存，甚至将装蜂蜜的容器胀裂，因此要低温保存，有条件可以冷藏。③对于一些南方产的一些特殊品种的蜂蜜，比如龙眼蜜、荔枝蜜、柑橘蜜、野桂花蜜等，这些蜂蜜含水量都比较高，也要低温保存。

2. 选择适宜的容器

存放蜂蜜的容器最好用玻璃或者陶瓷器皿，不要用金属容器，以防蜂蜜中的酸类腐蚀容器，造成污染。存放蜂蜜的容器一定要清洗干净，并且保持干燥。

最好用广口瓶，并且不要太深，这样便于取食，特别是要考虑到蜂蜜结晶后便于取食。

盛放蜂蜜的器皿，一定要有密闭性比较好的盖子。蜂蜜具有吸湿性，如盛装的容器密封不够严密，将造成蜂蜜吸收空气中的水分而引起蜂蜜部分结晶或发酵变质。

3. 冷冻可以防止结晶

通常来讲，蜂蜜常温保存即可，但是大多数蜂蜜都非常容易结晶，特别是在温度 13 度左右的条件下更容易结晶，结晶不影响蜂蜜的品质。如果消费者不喜欢结晶蜂蜜，那么您可以将蜂蜜放在冰箱的冷冻室，由于蜂蜜的糖分非常高，水分含量很低，因此冷冻室中存放的蜂蜜不会真正冻结，而会比较长久地保持液体状态，这是在家里防止蜂蜜结晶的一个好方法。

第二章

蜂蜜与人类健康零距离

第一节　人类利用蜂蜜的历史

在传统的保健学中，比如欧洲的寺院医学、古印度的生命科学（Ayurveda）和中国的中医学，向来都是把食物和药物紧密结合在一起的，也就是我们今天所讲的"药食同源"的天然产品，蜂蜜就是其中最重要的产品之一，已成为自然医学的组成成分，以至于蜂蜜和其他蜂产品在医疗上的应用形成了一个独立的自然医疗学领域——即所谓的蜜蜂疗法。

蜂蜜无论是作为食品还是用作药物，都已有十分悠久的历史。从考古出土的琥珀即可知道，蜜蜂至少已有 3 500 万～4 500 万年的历史了，人类懂得利用蜂蜜可以追溯到太古时代。出自巴伦西亚（Valencia）附近的拉阿拉那斯（La Aranas）山洞里最古老的壁画被确定为公元前 7000 年左右所作，壁画的主题就是"蜂蜜采集者在收获"。

一、古希腊的蜂蜜

著名的希腊医生希波克拉底（Hippokrates）（公元前460—前377年）把蜂蜜作为一种万灵药使用，他和他的学生在开药方时用蜂蜜来治疗，溃疡、化脓的伤口和退烧。那时候大约有300种蜂蜜处方在流通。古希腊人把蜂蜜放入死者的坟墓作为永远活着的象征。在他们那里蜂蜜被视为美容圣品，蜜蜂则被视为是神的使者。

早在公元前 4 世纪，希腊的城邦已在经营一个很发达的、符合法律规定的养蜂场。亚里士多德（Aristoteles）（公元前 384—前 322 年）编写了最早的关于正确养蜂和采收蜂蜜的专业书籍。在雅典（Athens）的法律中规定：各个蜂箱之间的距离至少要有 300 英尺①。

二、古罗马的养蜂人

罗马人对蜂蜜的评价也很高，在所有的农业专业书里都提到了养蜂业。Apiaries（养蜂）为养蜂人的职业，该职业负责饲养蜂蜜和清洗蜂箱。

老普利纽斯（Plinius）（23—79 年）悉心研究蜂蜜对人体健康的好处。他认为眼睛和内脏有病和溃疡时，蜂蜜就是最佳的天然药物。

在菲雨吉雨（Virgil）（公元前 70—19 年）的著作中，有研究养蜂和采收蜂蜜的内容。在罗马的食谱中，蜂蜜还用来作为不同种类的根菜和沙拉的调味汁。罗马人早就知道，葡萄酒里加点蜂蜜会变得更甜；新鲜的水果、蔬菜和肉如果放在蜂蜜里也可以保存更长时间。

三、尼罗河上的养蜂人

公元前 3200 年左右，在古埃及的象形文字中蜜蜂是法老和王国的象征。他们装饰了著名的女王哈普苏特（Hatshepsut）（公元前 1490—前 1468 年）的国章。在曾为蜜蜂之国的古埃及，蜂蜜一向被视为是"太阳神拉（Ra）的活眼泪"。

养蜂的早期形式已在第五朝时（公元前 2500 年）传开了。

---

① 英尺为非法定计量单位。1 英尺＝0.304 8 米。——编者注

那时候最早的养蜂人在尼罗河上慢慢驾着装有泥制蜂箱的船只。白天，他们让蜜蜂成群地飞向美丽的花毯；夜里，他们把船继续驶向新的地方。用这样的方式把他们成功得到的美味蜂蜜销售到各地。

在古埃及，蜂蜜是很贵的。国王拉姆汉斯二世（Ramses Ⅱ）用蜂蜜支付官员的部分俸禄即可证实这一点。在埃及古代用莎草纸编写的手抄本《现代医学的前身》中人们还发现，古埃及人还将蜂蜜作为填墓里的死者去极乐世界途中干粮。

四、中国古代对蜂蜜的利用

1. 中国古人对蜂蜜的食用

据研究，我国殷商纣王时代已经有蜂蜜。公元前 11 世纪，殷墟甲骨文中就有"蜜"字。公元前 3 世纪东周时期的《礼记·内侧》中有"子事父母，枣粟饴蜜以甘之"的记载，证明在 2 300 年前人们就以甜美的蜂蜜孝敬老人和长者。

屈原在《楚辞·招魂》中有"瑶浆蜜勺"和"蜜饵"（以蜂蜜配制蜜酒，用蜂蜜和米、面制作蜜糕）的记载；《离骚》中记载有"朝饮木兰之坠露兮，夕餐秋菊之落英"的诗句。战国时代名医扁鹊还擅长用蜂蜜防治疾病。说明我国早在 2 000多年以前，人们就将蜂蜜用作药品和食品，并作为贵重礼品和贡品进行馈赠。

1972 年，在甘肃武威旱滩汉墓出土了 92 枚木质医药简牍《治病百方》，它是公元 25—88 年的遗物，其中记载的 36 种医方中，多处以白蜜制成丸剂、汤剂。汉代医圣张仲景在《伤寒论》中，记有世界最早的栓剂处方——"蜜煎导方"，用来治疗虚弱病人便秘之症；还在《金匮要略》中介绍了以"甘草粉蜜汤"治"蛔腹痛"的方法。《金匮要略》是治杂病的方书，全书 262 方中丸剂 20 余方，其中 4/5 是蜜丸，此后近 1 800 年间，各个时期丸剂中的蜜丸，大体保持这个比例。三国时期的

《吴志·孙亮传》中记述："使黄门中藏取蜜渍梅"，说明当时人们已开始利用蜂蜜制作果脯食用。

晋代养生保健先驱、炼丹化学家兼医药学家葛洪（284—363年）所著《抱朴子》和《肘后备急方》中，记有蜂蜜外用处方："五色丹毒，蜜和甘姜末敷之""目生珠管，以蜜涂目中，仰卧半日乃可洗之，生蜜佳""汤火灼已成疮，白蜜涂之，以竹中白膜贴上，日三度"。晋代郭璞（276—324年）的《蜜蜂赋》中载有"灵娥御之（蜂蜜）以艳颜"，说明晋代女子直接用天然蜂蜜抹面，护肤美容。

南北朝时期著名医学家、养生家陶弘景（452—536年）在《神农本草经集注》中将蜂蜜区分为高山岩石间采集的石蜜、树木蜂巢所作木蜜、土中蜂巢所作土蜜以及养蜂人家所产白蜜。他在《名医别录》中谈到蜂蜜时说久服能"延年神仙"。还说过"道家之丸，多用蜂蜜，修仙之人，单食蜂蜜，谓能长生"。

隋唐时期百岁医甄权（541—643年）医术高超，唐贞观十七年，甄权102岁，太宗皇帝李世民亲自到他家探望并咨询药理。甄权在《药性论》中记有"蜂蜜常服面如花红""治口疮蜜浸大青叶含之""治卒心痛及赤白痢，水作蜜浆顿服一碗止，又生姜汁、蜜各一合，水合顿服之"。同时期著名医学家孙思邈（581—682年）所著《千金要方》和《千金翼方》中，在治咳嗽（白蜜0.5千克，生姜1千克取汁）、治喘（蜜、姜及杏仁）等方中，多次列入蜂蜜。同时孙思邈讲究食疗，注意补益，开营养食疗之先河，以蜂蜜酿酒健身治病，老而不衰，年逾百岁。

唐朝女皇武则天是个精力旺盛、魅力十足的女人。古书上曾如此记载："武后爱好花蜜所酿造之酒，与宠爱的侍臣同处时，必饮花蜜酒，而尽情享乐。"当武后无法吃到花蜜时，情绪会变得非常恶劣。武后对花蜜酒非常着迷，后人将此强精美容的花蜜酒也叫作"武后酒"，流传民间，至今有名。据说河南商丘、洛阳一带，目前还在出产这种独特的优良佳酿呢！

宋代大文豪苏东坡（1037—1101年）是美食家，他好吃蜂蜜，每天要吃上五合。但他人生坎坷，仕途一再失意，常借酒消愁，还养蜂取蜜酿酒，以消磨时日和陶冶情操。因而在他的诗歌中，多涉及蜂与蜜，认识十分深刻细腻，可谓古人之冠。他于元丰三年至七年（1080—1084年）被贬为黄州（今湖北黄冈市政府所在地）团练副使后，得到了四蜀道士杨世昌酿制蜜酒的秘方，从而用蜂蜜酿酒自饮，写下了聊人欲醉的《蜜酒歌》，并题诗云："巧夺天工术已成，酿成玉液长精神，莫道迎宾无佳物，蜜酒三杯一醉君。"他的好友秦少游饮过他的蜜酒后，发出这样的感慨："酒评功过笑仪康，错在杯中毁万粮。蜂蜜而今酿玉液，金丹何如此酒强。"其中抒发了自己穷途潦倒的悲凉感情，又把蜂蜜酿酒的精湛技术，以及节省粮食、丰富生活内容，描述得情景交融，如亲历其境，令人赞佩不已！这是我国用蜂蜜酿酒的最早较为翔实的记载。

南宋诗人陆游在他的《老学庵笔记》中，也记载了一则苏东坡嗜好蜂蜜的逸闻："一日，与数客过之，皆渍蜜食之，每多不能下箸。惟东坡亦嗜蜜，能与之共饱。"寥寥数语，将苏东坡嗜蜜的癖好描写得淋漓尽致。精通医术的苏东坡嗜蜜，不只为饱口福，品其美味，而是用它养身延年。

据吉林省养蜂科学研究所葛凤晨等在《吉林白蜜文化研究》（《蜜蜂杂志》2001年第1期）一文中介绍：唐宋时代，蜂蜜作为贡品、礼品、商品等在官方和民间已广为交流，早在公元713年渤海国作为唐朝的附属国，经常以长白山蜂蜜为贡品进送唐朝皇帝；公元764年以后，渤海国曾以长白山蜂蜜作为礼品和商品多次跨海运往日本，受到日本天皇和官员、民众的喜爱，从此开辟了中日蜂业贸易的史源。

2. 中国古人用蜂蜜治病

明代伟大的医学家李时珍在《本草纲目》中阐述蜂蜜的药理作用最为全面，"蜂蜜，入药之功有五：清热也、补中也、润燥也、解毒也、止痛也。生则性凉，故能清热；熟则性温，故能补中；甘而平和，故能解毒；柔而濡泽，故能润燥；缓可去急，故能止心腹、肌肉疮疡之痛；和可以致中，故能调和百药而与甘草同功"。总结我国古代医学文献对蜂蜜的功能描述，可以概括如下。

（1）用于脾胃虚弱、脘腹疼痛

蜂蜜味甘，既能调补脾胃，又能缓急止痛，故可用于中虚胃痛，如《药性论》单用蜂蜜对水顿服以治卒心痛；证属虚寒者，可配白芍、甘草、桂枝、干姜等，以温中补虚止痛；如与生地汁同服，又可用于胃痛吐血。现代临床有单用蜂蜜，或配伍对症药物，治疗胃及十二指肠溃疡，均能收到较好的效果。

（2）用于肺虚久咳，肺燥干咳，津伤咽痛

蜂蜜能润肺止咳，用于肺虚久咳，肺燥干咳，津伤咽痛。可以杏仁煎汤，对入蜂蜜服。对虚劳久咳，咽燥咯血，胸闷气短，消瘦乏力，可与补气养阴之人参、茯苓生地熬膏长服，如《洪氏集验方》中的琼玉膏。热病后期，余热尚扰，咽喉干痛，可配比甘草熬膏，含化咽津，如《圣济总录》中的贴喉膏。对于食管灼伤引起的疼痛，以蜜水含咽，有保护创面，缓解疼痛之效。

（3）用于肠燥便秘

蜂蜜能润肠通便。既可单用蜂蜜冲服，也可制成栓剂纳入肛门，如《伤寒论》中的蜜煎导法，均能起到润肠而不伤脾胃的效果，也可随症配伍应用，如兼血虚者配当归、黑芝麻；阴虚者配生地、玄参；阴虚挟燥热之便秘，可与香油同用，如《古今医鉴》中的润肠汤。

（4）用于目赤，口疮，风疹瘙痒，慢性溃疡，水火烫伤，手足皲裂等。

均取蜂蜜清热解毒、润肤生肌、缓解疼痛之功。多以外用为主，但也有内服者，如《圣惠方》中载，以蜂蜜和酒饮治风疹痒不止；蜂蜜炼后，其性转温，老少皆宜的滋补品，适用于老年体衰，小儿营养不良，病后调养。对于神经衰弱、肺结核、心脏病、肝脏病、贫血等慢性疾患，均可作为辅助药。

（5）用作药物辅料

蜂蜜能调和百药与甘草同功。

甘草，是中药中应用最广泛的药物之一。药性和缓，能调和诸药。所以，在许多中药处方中都由它"压轴"，有"药中国老""中药之王"的美称。《名医别录》说甘草能"温中、下气、止咳止渴、解百药毒"。而蜂蜜同甘草一样，不仅能与百药和谐共处，也能"解百药毒"。

比如说附子是个非常好的药，能扶阳，但同时它也有毒，这些都是附子的自然属性。怎么把附子有毒这个自然属性去掉，把能够扶阳这个自然属性保留，就要炮制了。怎么炮制呢？要用甘草水来炮制，或者用蜂蜜炮制。甘草和蜂蜜能解百药之毒，附子中毒，可以用蜂蜜或甘草水来解毒。

还有一些药是需要专门用蜂蜜来制的，因为蜜是甜的，甘则能缓，用它来缓解药性，如《金匮要略》记载治寒疝腹痛、手足厥冷之大乌头煎，即以蜂蜜与乌头合用，共奏散寒缓急止痛之功，且能缓和乌头的毒副反应。

药在体内，也有一个行走的方向和速度的问题。有的药走得快，有的药走得慢。有的药是走而不守，有的药是守而不走，蜂蜜能让药物的药性在体内缓慢且充分地释放，有缓释的作用。同时甘甜的蜂蜜还能入脾，能缓急止痛，可用于中虚胃痛。

半夏也是非常好的药，可化痰、降逆，但它也有毒，服用后麻嘴、麻喉咙，喉咙麻得甚至能让人呕吐。半夏的毒最怕生姜，所以炮制半夏就要用生姜水。蜂蜜也能在一定程度上解半夏之毒。

（6）医圣张仲景的"蜜煎导方"

张仲景年少时随同乡张伯祖学医，由于他聪颖博达，旁学杂收，长进很快。一天，来了一位唇焦口燥、高热不退，精神萎靡的患者，老师张伯祖诊断后认为属于"热邪伤津、体虚便秘"所致，需用泻药帮助患者解出干结的大便，但患者体质极虚，用强烈的泻药患者身体受不了。张伯祖沉思半晌，一时竟没了主张。

张仲景站在一旁，见老师束手无策，便开动脑筋思考。忽然，他眉宇间闪现出一种刚毅自信的神情，疾步上前对老师说："学生有一法子！"他详细地谈了自己的想法，张伯祖听着听着，紧锁的眉头渐渐舒展开来。

张仲景取来黄澄澄的蜂蜜，放进一只铜碗，就着微火煎熬，并不断地用竹筷搅动，渐渐地把蜂蜜熬成黏稠的团块。待其稍冷，张仲景便把它捏成一头稍尖的细条形状，然后将尖头朝前轻轻地塞进患者的肛门。

一会儿，患者拉出一大堆腥臭的粪便，病情顿时好了一大半。由于热邪随粪便排净，患者没几天便康复了。张伯祖对这种治法大加赞赏，逢人便夸。这实际上是世界上最早使用的药物灌肠法。以后，张仲景在总结自己治疗经验，著述《伤寒杂病论》时，将这个治法收入书中，取名叫"蜜煎导方"，用来治疗伤寒病津液亏耗过甚，大便硬结难解的病症，备受后世推崇。

第二节　蜂蜜让你更美丽

一、为什么蜂蜜能够美容

用蜂蜜制成的美容品适用于任何皮肤类型，尤其最适用于干性皮肤。蜂蜜容易吸收并保持水分，使皮肤很有弹性，即使粗糙的皮肤使用后也会变得细腻光滑。由于蜂蜜所含成分有抗菌作用，因此对皮肤很有好处。

现代医学临床应用证明，蜂蜜可促进消化吸收，增进食欲，镇静安眠，提高机体抵抗力，对促进婴幼儿的生长发育有着积极作用。蜂蜜几乎含有蔬菜中的全部营养成分。冬季时每天喝上3～4汤匙蜂蜜，既补充营养，又可保证大便通畅。据《保健时报》报道，古希腊医生希波克拉底和著名科学家德漠克利经常食用蜂蜜，他俩都活到了107岁。俄国教授谬尔巴赫，每天早晚服用蜂蜜，120岁时还精力充沛。有人调查，在130位百岁老人中有80％的人经常服用蜂蜜。蜂蜜可用于体弱多病、病后恢复的辅助治疗。患有高血压的老人，每天早、晚各饮1杯蜂蜜水是非常有益的，因为蜜中的钾进入人体后有排钠的作用，可维持血中电解质平衡；慢性肝炎、肝功能不良患者常吃蜂蜜能改善肝功能；对于肺结核、胃肠道溃疡等慢性病患者，蜂蜜是良好的营养品，能增强体质。此外，还可直接用蜂蜜外敷或涂抹来治疗刀伤、创伤、烧烫伤和冻疮。蜂蜜还是一种天然的美容佳品。作为润肤剂经常外擦，对皮肤的表皮、真皮起直接营养作用，可促进细胞新生，增强皮肤的新陈代谢能力。蜂蜜在治疗方面有以下功效：①润肠通便。用于便秘的防治。以油菜蜜、茶花蜜和枇杷蜜为最佳。②润肺止咳。由于肺虚引起的咳嗽，食用蜂蜜有效。③解毒、医疮、止痛。将蜂蜜直接涂擦在皮肤或伤口上，有消炎、止痛、止血、减轻水肿、促进伤口愈合的作用。食用可缓解食物中毒，治疗胃肠溃疡和肚腹疼痛。如果喝酒过多，临睡前喝一汤匙蜜可解酒止头痛。④补中益气。用于体弱多病者（特别是脾胃虚弱者）的辅助治疗、恢复健康以及老年人的保健。⑤调和诸药，提高药性。蜂蜜性平，味甘（甜），常作引药用。

二、蜂蜜有养颜美容之功效

蜂蜜中含有葡萄糖、果糖、蛋白质、维生素、氨基酸、微量元素以及酶类等护肤成分作用于表皮和真皮，为组织细胞提供养分，促进他们分裂、生长，尤其在冬季气候干燥时，多吃点蜂蜜能防止皮肤皲裂。有些高级的化妆品里也会添加蜂蜜，可见它对皮肤确实具有良好的保护作用，有助美容。下面就介绍一些利用蜂蜜美容的方法。

1. 直接食用蜂蜜

自古以来，蜂蜜就是可以食用的美容剂，其美容效果很好。据说，唐代时唐玄宗李隆基的女儿永乐公主面容干瘪、肌肤不丰，后因战乱避居陕西，常以当地新产的桐花蜜泡茶饮用，3年后她竟出落得美貌艳丽、风姿绰约，判若两人。后来才发现，桐花蜜能使"老者复少，少者增美"，具有补髓益精、明目悦颜的功能。

现代研究表明，蜂蜜的营养成分全面，食用蜂蜜不仅可以强壮体魄，而且可以改善容颜，符合"秀外必先养内"的美容理论。特别是蜂蜜有很强的抗氧化作用，能清除体内的"垃圾"——氧自由基，因而有保青春抗衰老、消除和减少皮肤皱纹及老年斑的作用，显得年轻靓丽。因此，每日早、晚各服天然成熟蜜20～30克，温开水冲服，就可增强体质，滋养容颜，使女士们更健康美丽。

2. 直接涂抹蜂蜜美容

将蜂蜜直接涂抹到脸上，也会具有很好的美容效果。

1998年，日本《读卖新闻》家庭版上曾发表一篇专访。女作家平林英子虽已是80岁高龄的老人，但脸上没有一丝皱纹，青春永驻。当记者问她用哪类美容抗皱剂时，她笑说："自己从来没用过美容霜、珍珠霜、抗皱剂之类的化妆品。我只不过是每天早晨拿纱布蘸些蜂蜜汁擦脸，几十年如一日，一直坚持不断。这是家母传授的，她老人家活到 90 岁，脸上皱纹也很少。"

现代研究表明，用蜂蜜涂于皮肤外表，蜂蜜中的葡萄糖、果糖、蛋白质、氨基酸、维生素、矿物质等直接作用于表皮和真皮，为细胞提供养分，促使它们分裂、生长，常用蜂蜜涂抹的皮肤，其表皮细胞排列紧密整齐且富有弹性，还可以有效地减少或除去皱纹。通常涂抹的方法是：将蜂蜜加 2～3 倍水稀释后，每日涂敷面部，并适当进行按摩；也可以用纱布浸渍蜂蜜后，轻轻地擦脸，擦到脸部有微热感为止，然后用清水洗净。

3. 自制蜂蜜面膜

（1）蜂蜜白芷面膜（去斑美白）

配方：白芷 10 克，白附子 10 克，蜂蜜 10 克。

用法：取白芷 10 克，白附子 10 克，共研细末，加水和蜂蜜适量调浆敷面，20 分钟后洗净。

功效：有祛皱、消斑、增白作用，适用于面部色素沉着或黄褐增斑患者。

（2）蜂蜜面膜

配方：白芷 6 克，蛋黄 1 个，蜂蜜 1 大匙，小黄瓜汁 1 小匙，橄榄油 3 小匙。

用法：先将白芷粉末，装在碗中，加入蛋黄搅均匀；再加入蜂蜜和小黄瓜汁，调匀后涂抹于脸上，约 20 分钟后，再用清水冲洗干净；脸洗净后，用化妆棉蘸取橄榄油，敷于脸上，约 5 分钟；然后再以热毛巾覆盖在脸上，此时化妆棉不需拿掉；等毛巾冷却后，再把毛巾和化妆棉取下，洗净脸部即可。

功效：祛皱、消斑、增白，润泽肌肤。

（3）蜂蜜珍珠粉面膜

配方：珍珠粉、蜂蜜。

用法：准备一个干净的小瓶子，倒入大半瓶珍珠粉，再缓缓倒入蜂蜜，边倒边搅拌，使蜂蜜和珍珠粉充分混合，注意蜂蜜不要倒得过多，调成糊状即可。这样面膜就做好了。使用前，先用温水把脸洗净，然后用小棉签蘸着调好的面膜均匀地涂在脸上，不要太厚，薄薄一层即可，过 1～2 小时后洗掉，可以使脸光滑，有光泽。

功效：滋润皮肤，使之有自然光泽。

4. 蜂蜜甘油面膜

配方：甘油、水、蜂蜜。

用法：蜂蜜 1 勺，甘油 1 勺，水 2 勺，充分混合，即成面膜膏，使用时轻轻涂于脸部和颈部，形成薄膜，20～25 分钟后小心将面膜去掉即可，这种面膜可用于普通、干燥性衰萎皮肤，每周 1～2 次，30～45 天一个疗程。

功效：补水。

5. 蜂蜜番茄面膜

配方：番茄、蜂蜜。

用法：先将番茄压烂取汁，加入适量蜂蜜和少许面粉调成膏状，涂于面部保持 20～30 分钟。

功效：美白除皱。具有滋润、白嫩、柔软皮肤的作用，长期使用还具有祛斑除皱和治疗皮肤痤疮等功能。

6. 蜂蜜柠檬面膜

配方：生鸡蛋、柠檬、面粉、蜂蜜。

用法：生鸡蛋 1 个，蜂蜜一小匙，柠檬半个，面粉适量，混合后搅拌成膏状，敷面后入睡，第二天用温水洗净。

功效：坚持使用有较显著的防晒作用。

7. 蜂蜜酸奶面膜

配方：酸奶、蜂蜜。

用法：蜂蜜和酸奶以 1∶1 的比例拌在一起，涂在脸上，15 分钟后用清水洗去即可。

功效：此款面膜有收敛毛孔的功效。

8. 蜂蜜牛奶面膜

配方：蜂蜜 10 克、鲜牛奶 10 毫升、蛋黄 1 个。

用法：将以上三味原料搅拌均匀，调制成膏状即成。洗脸后涂抹于面部，20 分钟后洗去，每日 1 次。

功效：营养皮肤，防止脸面起皱，促使皮肤白嫩。

（一）蜂蜜可用于外科及皮肤保健

优质的蜂蜜在室温下放置数年不会腐败变质，表明蜂蜜本身是一种天然的抑菌剂。具有这种抗菌作用的主要原因是：蜂蜜中 75% 以上是糖类，微生物在这种高渗透压环境下无法正常生活；蜂蜜的 pH 在 3.2～4.5，这种酸性环境可以抑制许多病原菌的生长繁殖；蜂蜜中的葡萄糖氧化酶，它与葡萄糖作用产生具有抗菌作用的过氧化氢；蜂蜜中所含的黄酮类物质也具有一定的抗菌作用。大量的研究证明，蜂蜜对多种细菌和真菌具有抗菌作用，如大肠杆菌、葡萄球菌、链球菌、沙门氏菌、黄曲霉菌等。因此蜂蜜可用于外科及皮肤保健。

用法：在处理伤口时，将蜂蜜涂于患处，可减少渗出、减轻疼痛，促进伤口愈合，防止感染。以下介绍相关用法。

1. 蜂蜜蛋黄膏

配方：蜂蜜 30 克、鸡蛋黄 1 克、白酒 5 克。

用法：将以上三味调成膏状，涂抹患处。

功效：适用于浇伤、烫伤、烙伤等症。

2. 蜂蜜生地膏

配方：蜂蜜 30 克、生地 60 克。

用法：将生地切碎放温水中浸泡 2 小时，捞出捣烂拌入蜂蜜外敷。若外伤红肿未破皮时，可加入少许冰片或风油精，用以涂抹患部，每日换药 1 次。

功效：适用于外伤血肿。

3. 蜂蜜冰片

配方：蜂蜜 250 克、冰片 2～3 克。

用法：将蜂蜜与冰片溶在一起，调匀，涂抹患部，每日多次。

功效：适用于水、火烫伤未破者。

4. 蜂蜜茶叶末

配方：蜂蜜 60 克、茶叶 30 克。

用法：将茶叶研成细末，加蜂蜜调和，外涂患处，每日2次。

功效：适用于烧、烫伤患者。

5. 蜂蜜大葱

配方：蜂蜜 30 克、大葱 2 根。

用法：将大葱洗净捣作烂泥，加蜂蜜搅匀，用时涂于患处，每日换药 1 次。

功效：有清热解毒、消肿止痛、消炎等作用。适用于犬、蛇咬伤和蝎、蜂螫伤及化脓性炎症患者。

6. 蜂蜜凡士林

配方：蜂蜜 30 克、凡士林 30 克。

用法：将蜂蜜与凡士林调和成膏，涂于无菌纱布上，敷于疮面，每日敷 2～3 次，敷前先将疮面清洗干净，敷后用纱布包扎固定。创面未溃者可不必包扎。

功效：适用于各种冻伤、冻疮。

7. 蜂蜜紫皮大蒜

配方：蜂蜜 10 克、独头紫皮大蒜 1 头。

用法：将紫皮蒜剥皮切成薄片，拌入蜂蜜中浸渍3～5小时，用时清洗创面，将带蜜的蒜片处贴敷患处，再轻轻按摩几分钟，每日 2～3 次。

功效：适用于疖肿、毛囊炎等症患者。

8. 蜂蜜蒲公英

配方：蜂蜜 15 克、蒲公英 15 克、甘草 3 克。

用法：先将蒲公英、甘草加水500毫升煮沸10分钟，去渣，以其汁加入蜂蜜，分3次温饮，每日服1剂。

功效：适用于化脓性感染患者。

9. 蜂蜜外用方（治疗烧烫伤）

配方：生蜂蜜适量。

制法：直接使用即可。

用途：适用于创伤、烧伤、溃疡等，有促进伤口愈合作用。

用法：外用，涂敷患处，每日2～4次。

功效：敛疮解毒。

（二）蜂蜜乌发秀发保健

1. 蜂蜜洗发液

配方：蜂蜜10克、鲜牛奶15毫升。

用法：将蜂蜜与鲜牛奶混合，调匀。洗发后将蜂蜜混合液洒在头发上，用手轻轻摩擦头发和头皮，10分钟后用清水洗去，3天1次。

功效：养发、秀发，可使头发变得秀丽光亮。

2. 蜂蜜乌发丸

配方：蜂蜜250克、桑叶400克、黑芝麻100克。

用法：将桑叶与黑芝麻分别烘干研制成末，混合后对入蜂蜜，炼至80℃成膏，搓制成丸，每丸10克。早晚空腹各服2丸，温开水冲服。

功效：有养精、乌发、止痒之功能，可用于脂溢性脱发和因精血不足引起的头发早白、头晕眼花等症。

3. 蜂蜜核桃仁

配方：蜂蜜300克、人参15克、核桃仁50克。

用法：将人参以温水浸润，切碎；将核桃仁炒香捣碎，与人参一同放锅内加水适量以文火熬煮至稠，除渣后加入蜂蜜调匀，继续熬成浓膏，即成。每日早晚空腹服用，每次 10～15 克。

功效：适用于体弱、色黄、形瘦，须发早白、视力衰退者。

4. 蜂蜜橄榄油

配方：蜂蜜 100 克、橄榄油 60 克。

用法：将蜂蜜与橄榄油调和均匀，即成。洗头前取少许混合液抹擦到头发上，保持 30 分钟，用清水洗头，每3～5日1次。

功效：可使头发柔软、润泽，有助黄发、白发变黑。

5. 蜂蜜茯苓膏

配方：蜂蜜 50 克、菊花 50 克、黑芝麻 50 克、茯苓 50 克。

用法：将菊花、黑芝麻、茯苓焙干，研成细末，对入蜂蜜调制成膏。每日饭前各服 1 次，每次 10～20 克，连服 45 天。

功效：适用于少白头及过早白发者。

6. 蜂蜜生发丸

配方：蜂蜜 60 克、黑芝麻 30 克、何首乌 30 克、枸杞子 30 克。

用法：将黑芝麻、何首乌、枸杞子焙干，研成细末，混合，对入蜂蜜搅匀，炼至80℃成膏，搓制成丸，每丸 10 克。每天 2 次，每次 2 丸，早晚空腹服用。

功效：滋阴补血、乌发长发，适合头发早白及脱发者。

7. 蜂蜜乌发膏

配方：蜂蜜 80 克、干红枣 30 克、龙眼肉 30 克、枸杞子 30 克、桑椹 30 克。

用法：将后四味用水泡发，放入不锈钢锅中加水适量煎煮 30 分钟，再加入蜂蜜，文火煎汁至稠即可。每日早晚空腹服用，每次 20 克。

功效：养颜健体、乌发生发，适合头发黄白及脱发者。

8. 蜂蜜生发液

配方：蜂蜜 80 克、椿树嫩枝 150 克。

用法：将椿树嫩枝捣烂，榨取其汁，对入蜂蜜中调匀。用时涂于脱发、秃发处，每日 2 次。

功效：有杀虫生发之功，适用于发根蠕虫病患者，可促使头发再生。

第三节　蜂蜜让你更健康

一、蜂蜜保健的意义

自从我们进入信息社会以来，生活方式发生了巨大的改变，生活节奏日益加快，紧张的工作有时会给人们带来很大的心理压力，从而产生各种心理应激，造成"心理疲劳"。同时，我们每个人在日常生活中也难免会出现这样或那样的矛盾和困扰，使我们有时感到紧张烦躁，有时感到抑郁消沉，人们生理心理承受的负荷大大超载，造成人体内分泌紊乱，由此而引起的肥胖症、代谢异常、高脂血症、糖尿病、心脑血管疾病、神经系统功能失调、失眠症、抑郁症和癌症肿瘤等"现代文明病"的发病率不断上升，而大多数由微生物和营养不良等造成的传统疾病已得到有效控制，医学界称这种现象为"疾病谱"正发生重大改变。"现代文明病"是生活方式疾病，是由不良饮食习惯、情绪紧张、吸烟酗酒等不健康的生活方式所引起的，现代医学目前还难以对这些疑难杂症的病理机制作出科学的论断，因而这些疾病难以得到有效控制和防范。那么怎样才能减少和消除"现代文明病"的发生呢？

蜂产品被称作是大自然赋予人类的天然食品和保健品，具有很强的营养保健和防病治病的功能，它们含有多种生物活性和药理作用极强的物质。蜂产品保健品更是由于其营养丰富、保健性能强、纯天然等特点受到越来越多消费者的关注，如蜂蜜、蜂王浆、蜂花粉、蜂胶、蜂毒、蜂蜡、蜜蜂幼虫和蛹等都是大自然赋予人类的纯天然食品，蜂蜜更是素有"大众的补品""老年人的牛奶"之称，自古以来被称为药中的上品。

现代研究也表明，蜂蜜含有多种生理活性很强的物质，不但具有调节人体生理机能、提高免疫力、增强体质、消除疲劳、抗衰老、美容等功效，而且可以与各种药品配伍，对多种疑难病症有辅助治疗作用。

蜂蜜更适合儿童和老年人食用。儿童常食蜂蜜，可助长发育，牙齿及骨骼会长得快而结实，并可增强对疾病的抵抗力。

中医历来认为：蜂蜜味甘性平，入肺、脾、心、胃和大肠经，有润肺补中、清热解毒、健脾益胃和缓中止痛的功效。蜂蜜可防治的疾病非常广泛，从内科到外科，从皮肤到眼科，从妇科到小儿科，蜂蜜都可以大显身手，中药的炮制更少不了蜂蜜。

总之，利用蜂产品保健是一种方便、快捷的饮食及保健方法，它能教会我们做自己的保健医生，让我们"吃出快乐与健康"。

二、蜂蜜与人类健康

自古以来，蜂蜜被认为是一种极好的食品和药品，在历代文献中有很多记载。

蜂蜜中的主要成分是糖类，它占蜂蜜总量的 75％以上，其中有单糖、双糖和多糖。蜂蜜中的主要糖分是葡萄糖和果糖，一般葡萄糖占总糖分的 40％以上，果糖占 47％以上。蛋白质含量约为 0.3％，含有 8 种人体必需氨基酸。矿物质含量一般为 0.04％～0.06％，包括铁、铜、钾、钠、锰、镁、磷、硅、铬、镍和钴等，其含量和比例与人体血清相近。蜂蜜中含有多种维生素，尤其是 B 族维生素最多，每 100 克蜂蜜中含 B

族维生素 300～840 微克。另外蜂蜜还含有多种酶类、有机酸、芳香物质、挥发油、色素等。正因为蜂蜜中含有以上营养成分的存在，赋予其以下多种保健功能。

1. 抗菌消炎

优质的蜂蜜在室温下放置数年不会腐败变质，表明蜂蜜本身是一种天然的抑菌剂。这种抗菌作用主要是由于：蜂蜜中 75％以上是糖类，微生物在这种高渗透压环境下无法正常生活；蜂蜜的 pH 在 3.2～4.5，这种酸性环境可以抑制许多病原菌的生长繁殖；蜂蜜中的葡萄糖氧化酶，它与葡萄糖作用产生具有抗菌作用的过氧化氢；蜂蜜中所含的黄酮类物质也具有一定的抗菌作用。大量的研究证明，蜂蜜对多种细菌和真菌具有抗菌作用，如大肠杆菌、葡萄球菌、链球菌、沙门氏菌、黄曲霉菌等。在处理伤口时，将蜂蜜涂于患处，可以减少渗出、减轻疼痛、促进伤口愈合、防止感染。但是，蜂蜜对酵母菌非常敏感，含水量高的蜂蜜易发酵变质。

蜂蜜治疗感染性创伤和烧伤（或烫伤）有良好疗效。由于蜂蜜中含有酸性物质和高浓度糖类物质，使细菌在创伤部位难以生存。同时也由于蜂蜜中存在着生物素，对机体代谢起着促进作用。使创伤部位能迅速长出肉芽组织、皮肤外伤，可用 10％～15％的蜜汁洗涤伤口，涂蜜包扎，能控制感染。同样地用蜂蜜涂布烧伤创面，能减少渗出浓，减轻疼痛，缩短治疗周期。一般 I、II 度中小面积烧伤，创面处理时用消毒过的棉球蘸上蜂蜜，均匀涂布于患处，早期每日 4～5 次，待结成胶痂后，每日涂蜜 1～2 次，采用暴露疗法；如伤处积有脓液，首先清除脓液，清洁创面，然后用蜂蜜纱布敷于创面，再用无菌棉垫包扎。

2. 润肠通便

蜂蜜有很好的润肠作用，因此可以用来治疗便秘，这是古方，也是众所周知的常识。蜂蜜通便的作用机理主要是蜂蜜中的乙酰胆碱进入人体后，会对副交感神经发生作用，促进胃肠蠕动，此外，还与益生菌作用有关。

便秘多因体内上火、津液耗竭、大便干涩和炎肿致肠腔狭窄所致。由于大便困难，故而使肛门受到创伤后可导致肛裂、出血、痔疮，甚至发生癌变。患者可取蜂蜜适量用之，青少年以白萝卜片蘸蜂蜜嚼食，老年人用香蕉肉蘸蜂蜜吃，每日数次，疗效显著。蜂蜜对结肠炎、习惯性便秘、老人和孕妇便秘都有疗效，每天早、晚空腹食用蜂蜜25克，可调节胃肠功能。蜂蜜能使胃病和胃烧灼感消失，对胃和十二指肠溃疡、胃穿孔、消化不良及慢性胃炎等疾病均有效果。

下面介绍几个蜂蜜润肠小配方。

（1）苹果葡萄干蜂蜜粥

材料：葡萄干一把，苹果半个，大米两把。做法：将大米洗净，加适量清水，开火煲粥，煲成浓稠的粥；葡萄干洗净表面，苹果半个去核，切小块后待用；下入苹果和葡萄干继续煮7～8分钟；关火焖10分钟即可。食用的时候把粥稍微晾凉，浇上蜂蜜，搅拌均匀。

（2）蜂蜜润肠茶

①材料：茶叶3克，蜂蜜10克。做法：以沸水冲泡，盖焖5分钟，饭后温服1杯。每日1～2剂。治疗产后便秘的效果较好，通便后，减少饮用，或单饮蜂蜜。

②材料：松子、杏仁、柏子仁、火麻仁各6克，热开水350毫升。做法：松子、柏子仁、火麻仁以水略洗，去杂质后沥干，杏仁略洗、去杂质后备用；锅中加水煮沸，放入杏仁略煮，待表皮微皱后捞出，放入凉水中，去除种皮，晒干备用；研钵中放入所有茶材，研磨成粗末备用；杯中放入磨好的茶末，冲入热开水，拌匀后即可饮用。腹泻患者及孕妇不宜饮用。

③材料：国槐角和蜂蜜。做法：国槐角和蜂蜜炒干，每次取6～8粒放入500毫升口杯中，热水冲服。

（3）芝麻蜂蜜小米粥

材料：小米 100 克、芝麻 20 克、蜂蜜适量。做法：将小米洗净，放入锅中煮开，再改用小火熬煮 10 分钟；芝麻放入干锅用小火炒熟，待周开锅后放入芝麻一起熬煮；待小米熟烂后，调入蜂蜜即可食用。

3. 改善睡眠

蜂蜜中的葡萄糖、维生素以及镁、磷、钙等物质能够调节神经系统，缓解神经紧张，促进睡眠。古代希腊人和罗马人认为蜂蜜是一种镇静剂和安眠药。现在民间医学还常用蜂蜜来治疗许多神经系统疾病，虽然导致神经衰弱、失眠的因素很多，但是神经衰弱患者每晚睡前服用蜂蜜 10～20 克，则能调节神经系统，易于入睡。美国纽约罗斯福医疗中心曾做过试验，结果表明：睡觉前适当进食蜂蜜有催眠作用，睡眠前进食蜂蜜的病人其第一觉的睡眠时间是不进食蜂蜜者的 4 倍，而催眠效果最好的食物是热牛奶中的蜂蜜。前苏联作者约里什在《蜂蜜的医疗性能》一书中指出："神经衰弱者，每天只要在睡眠前口服一匙蜂蜜就可以促进睡眠。"尤其是采自苹果花的苹果蜜的镇静功能尤为突出。

4. 促进组织再生

蜂蜜中含有丰富的营养物质，能有效地促进创伤组织的再生。蜂蜜对各种延迟愈合的溃疡都有加速肉芽组织生长的作用，对烧伤、烫伤的组织有促进和加速伤口愈合的作用。蜂蜜早就广泛应用于外科治疗，不仅对各种硬伤有效，而且对感染性烧伤、烫伤、冻伤等也有一定的效果。

治疗烧伤：用蜂蜜涂布烧伤创面，能减少渗出液，减轻疼痛，控制感染，促进创面愈合，从而缩短治愈时间。用法：一般Ⅰ、Ⅱ度中小面积烧伤，创面经清洁处理后，用棉球蘸蜂蜜均匀涂布（不宜太厚或太薄），早期每日 2～3 次或 4～5 次，待形成胶痂后改为每日 1～2 次。采用暴露疗法。如痂下积有脓液，可将胶痂揭去，清创后再行涂布，创面可重新结成胶痂，迅速愈合。对已感染的或面积较大的Ⅳ度烧伤则用蜂蜜纱布敷于创面，外用无菌棉垫包扎。冬天不便使用暴露疗法者，亦可采用此法。蜂蜜中也可加入2％普鲁卡因溶液，配成2∶1混合液使用，以减轻涂药开始时给创面带来的疼痛。有主张在蜂蜜涂布后，创面上再撒布一薄层石膏粉，以增强疗效。

据85例观察，Ⅰ、Ⅱ度烧伤一般涂布蜂蜜2～3天后，创面便形成透明胶痂，6～10天胶痂自行脱落，新生上皮完全生长。晚期入院已有明显感染者，2～3天后创面亦能形成胶痂，并可见痂下上皮细胞生长。采用蜂蜜纱布包扎疗法者，一般经过6～9天肉芽生长良好，2～3周后即可痊愈。在治疗过程中均未发生感染，已感染的创面，涂蜜后脓性分泌物亦逐渐减少。但使用本法时仍应尽力创造无菌条件。对胶痂下的感染情况要留意观察，及时处理。关节处的胶痂易于破裂，要注意保护。同时，本疗法仅限于创面处理，其他如止痛、抗感染、补充液体及控制休克等，均需按常规配合进行。

治疗溃疡与外伤：年久不愈的慢性溃疡，可试用10％蜜汁洗涤疮口，然后用纯蜜浸渍的纱布条敷于创面，敷料包扎，隔日换药1次。有人曾试治两例下肢溃疡，1周后即有肉芽新生，约2个月即愈。另试治1例梅毒性溃疡，结果无效。皮肤与肌肉的外伤，可用10％蜜汁洗涤伤口，然后涂蜜包扎，能防止感染，获得一期愈合。

5. 保肝作用

蜂蜜对肝脏的保护作用主要表现在以下几方面：①蜂蜜中的单糖、多种维生素、酶及氨基酸均不需肝脏加工合成，可直接进入血液而被人体吸收利用。②蜂蜜中的葡萄糖能转变成肝脏糖原物质储存备用，为肝脏的代谢活动蓄积和供应能量，从而保证了肝功能的正常发挥。③蜂蜜能促进肝组织再生，起到修复损伤的作用。④蜂蜜中所含丰富的胆碱，对体内各组织具有净化作用，更能强化肝脏的功能。⑤蜂蜜中含有多种酶，能增强肝脏的解毒功能，再加上蜂蜜含有多种营养成分，营养肝脏，从而增强机体对传染病的抵抗能力。慢性肝炎和肝功能不良者，可常吃蜂蜜，以改善肝功能。

下面介绍几个蜂蜜保肝小配方。

(1) 蜂蜜二花膏

具有疏风清热，清热明目，活血化瘀的功效，适用于慢性肝炎。材料：蜂蜜200克，菊花50克，红花30克。做法：将菊花、红花去杂质，洗净，放炖杯内，加水359毫升，用武火烧沸，文火煎煮25分钟，放凉，滤去渣。把蜂蜜、菊花、红花药液同放锅内，置文火煮熬，至浓稠成膏即成。每日2次，每次服10克，用温开水送服。

(2) 芹菜蜜汁

材料：鲜芹菜100～150克，蜂蜜适量。做法：芹菜洗净捣烂绞汁，与蜂蜜同炖温服。每日1次。适宜于肝炎患者饮用。

6. 解酒

喝醉酒之后，会出现头痛、头晕、反胃、发热等难受的症状。最近，美国国家头痛研究基金会的研究人员发现解除大量饮酒后头痛感的最佳办法，就是喝蜂蜜。这是由于蜂蜜中含有一种特殊的果糖，可以促进酒精的分解吸收，减轻头痛症状，尤其是红酒引起的头痛。另外，蜂蜜还有催眠作用，能使人很快入睡，第二天起床后也不会头痛。

7. 促进儿童生长发育

蜂蜜是儿童喜欢的食物，蜂蜜中所含的铁和叶酸可以预防和纠正儿童的贫血。另外，蜂蜜可以促进生长发育，牙齿及骨骼会长得快而坚实，并可增强对疾病的抵抗力。东京大学的托摩武人教授做过大规模的临床试验，结果表明喂蜂蜜的幼儿与喂砂糖的幼儿相比，其体重、身高、胸围和皮下脂肪增加较快，皮肤光泽，并且较少患痢疾、支气管炎、结膜炎和口腔炎等疾病。

蜂蜜的主要成分是单糖（葡萄糖和果糖），单糖不需要经过消化而被人体直接吸收。并且蜂蜜中含有多种酶类，酶是食物的催化剂，能帮助食物消化，润滑肠胃，防治便秘（白糖只有分解成单糖后才能被人体吸收，会增加胃肠负担；且白糖中不含活性酶，不能帮助消化）。在所有物质中，葡萄糖对脑部供能最快，是维持大脑正常功能的必需营养素；乙酰胆碱是增强记忆的重要物质；维生素是保证大脑高级思维活动正常进行的重要营养物质，神经元的合成与代谢必须有维生素的参与；矿物质对脑功能的维持十分必要，其中锌能提高思维能力，钙能保证大脑顽强而紧张的工作，锗可强化智力，有大脑"智慧素"之称。另外，缺铁性贫血的儿童学习成绩往往不是很好，缺碘的儿童智商偏低。以上矿物质在蜂蜜中都含有且比例均衡。因此，儿童常服蜂蜜有利于健脑益智，提高思维、记忆能力。儿童食用蜂蜜，能抑制链球菌变种的生长，防止破坏牙釉质和牙本质的乳酸产生，以及葡聚糖牙斑的形成，因此食用蜂蜜可保护儿童牙齿，防止龋齿（经常吃白糖会使牙齿受损，形成龋齿）。以蜜代糖既有甜味，又富营养。蜂蜜所含的铁、叶酸、单糖、转化酶和维生素等，都是促进儿童生长发育所必需的，而这些正是牛奶中所缺乏的。因此，蜂蜜不仅是儿童良好的天然营养品，还能增强体质、防病治病、健脑益智。实践证明，儿童常吃蜂蜜不坏牙齿、不腹泻、不便秘、不感冒、不腹胀、睡眠好。

体弱多病，体质较差的儿童可多食蜂蜜。患佝偻病的学龄前儿童，每天可2～3次服30～50克蜂蜜，可改善佝偻病症状。患感冒儿童，每天两次，每次饮一杯蜂蜜水，可促进感冒痊愈。睡眠不好的儿童，在睡前30分钟喝一杯温蜂蜜水，上床不久便可以安然入睡。把蜂蜜和在粥里，给儿童服用，有矫正儿童营养缺乏症的作用，增加儿童对疾病的抵抗能力。要注意的是，蜂蜜水分含量少，且糖浓度高，渗透压大，细菌和酵母很难在蜂蜜中存活，但某些厌氧菌（如肉毒杆菌）可以非活性的孢子形态存在其中（这种情况非常少），由于婴儿肠胃消化器官不发达，胃酸的分泌较差，所以，周岁以内的婴儿要慎服蜂蜜。

8. 抗疲劳

服用蜂蜜可以消除人体疲劳，尤其是在学习、思考、熬夜后。在所有的天然食物中，大脑神经元所需要的能量在蜂蜜中含量最多。蜂蜜所产生的能量比牛奶高约5倍，能够在很短的时间内补充给人体能量，消除人体的疲劳感和饥饿感。蜂蜜中的果糖、葡萄糖，可以很快被人体吸收利用，改善血液的营养状况。而且，蜂蜜富含维生素、矿物质、氨基酸、酶类等，能促进能量代谢，经常食用能使人精神焕发，精力充沛，记忆力提高。

疲劳时，喝一杯蜂蜜水，一般10分钟左右，就可明显消除疲劳症状。运动员在赛前10分钟服用蜂蜜，可帮助提高体能。讲师在讲课前10分钟喝一杯蜂蜜水，连讲几节课，都不太疲惫。出租车司机、开长途汽车的司机，时不时喝几口蜂蜜水，不仅可以消除疲劳，还可以醒脑提神。经过一上午的活动后，人们从早餐中得到的热量已经消耗殆尽，而中午不仅是人体一天中消耗热量最多的时候，还是大脑活动最活跃，也是感到最疲劳的时期，中午喝杯蜂蜜是很不错的选择。

9. 保护心脑血管

蜂蜜中有含量高又易被人体吸收的葡萄糖，它能营养心肌和改善心肌代谢功能、调节血压，使血红蛋白增加、心血管舒张，扩张冠状动脉，防止血液凝集，保证冠状血管的血液循环正常。促进心脑血管功能，因此经常服用对于心血管病人很有好处。

患心脏病者，每天服用 50 克蜂蜜，1～2 个月内病情可以改善。高血压患者，每天早晚各饮一杯蜂蜜水，也有益于健康。动脉硬化症者常吃蜂蜜，有保护血管和降血压的作用。

10. 增强人体免疫力

我们从食物中所获得的糖类、蛋白质、脂肪经过层层地消化分解后，一部分形成组织细胞物质，一部分转化成能量供我们活动之用，而这 3 种营养在层层分解与合成过程中还必须有维生素、矿物质、酶等参与才能进行。

蜂蜜中含有 80％的糖类及少量蛋白质，都是以活性的形式成分存在，不需经过转化就可以直接被人体吸收，它所含的糖类大都是单糖类，能迅速变成我们所需的能量。总而言之，蜂蜜中含有的物质包括能合成我们体质及提供各种活动能量的蛋白质、糖类等；也含有维持各种消化、吸收关键活动的维生素、矿物质、酶等。试验研究证明，用蜂蜜饲喂小鼠，可以提高小鼠的免疫功能。

因此，蜂蜜作为一种独特的营养健康品，经常食用可以使人体得到均衡的营养，活化各种器官机能，增强人体的自然免疫力，从而不易患上各种疾病。

11. 延年益寿

蜂蜜有良好的抗衰老作用，常食蜂蜜能健身强志、延年益寿。前苏联学者曾调查了 200 名百岁以上的老人，其中有 143 人为养蜂蜜人，证实他们长寿与常吃蜂蜜有关。"自由基"学说，是英国学者哈曼（Harman）于 1954 年首先提出的一个重要衰老机制，认为人体衰老是由于体内过量的自由基所引起的。蜂蜜中含有大量的抗氧化剂，它能清除人体内"垃圾"——氧自由基，从而达到延缓衰老的作用。

蜂蜜促进长寿的机制较复杂，是对人体的综合调理，而非简单地作用于某个器官。通过动物实验和临床验证，专家认为"松果体"是调节人体机能的主宰者。因为松果体能维持体内其他荷尔蒙的正常水平和调节它们的正常循环。松果体又是神经内分泌的换能器官，一旦受到蜂蜜的刺激，就能迅速分泌荷尔蒙，调节机能的生理活动。我们知道，人体的新陈代谢、肝脏、心脏、肾脏、血液和自主神经系统都受荷尔蒙的控制和调节。也就是说，蜂蜜间接地控制了人体的内分泌系统、热能系统、免疫系统，又能抗脂质过氧化、减轻人体的应激反应。这些系统和反应相互配合，彼此呼应，共同维持人体环境的稳定，以达到人类健康长寿的目的。

老年人的松果体逐渐老化，所以分泌器官逐渐减弱，荷尔蒙等的分泌也越来越少。于是松果体的刺激物质也跟着减少，而易发生疾病和憔悴衰弱。如果坚持每晚临睡前服用蜂蜜（或与牛奶相伴），蜂蜜间接刺激松果体使其分泌荷尔蒙等，长期下去就能延缓老化，恢复活力。

"人类如能经常食用蜂蜜，可延年益寿"这是在印度的《耶和一吠陀经》里的描述，而古老的希腊人早已把蜂蜜作为"天赐的礼物"而大加推崇。伟大的思想家、医生希波克拉底把蜂蜜作为他一生食物中的必备品，经常将蜂蜜与牛奶或稀粥同食，活到100余岁。他认为：食用蜂蜜可抗衰老和延年益寿。也正如一千年前阿拉伯的一位伟大医学家阿维森纳所说："假如你想保持年轻，就食用蜂蜜吧。"

古今大量实例证明，在超百岁长寿老人中，有80%的老人一生以蜂蜜为伴，主要原因是蜂蜜是一种纯天然营养食品，它既来源于植物，又来源于动物，这种食品几乎是独一无二的。

第四节　谁与蜂蜜不对脾气

一、谁与蜂蜜不对脾气

我们先看看古人是怎样描述蜂蜜的："蜜者,采百花之精华而成者也。天地春和之气，皆发于草木，草木之和气，皆发于花。"

"花之精英，酿而为蜜，和合众性则不偏，要去糟粕则不滞。甘以养中，香以理气，真养生之上品也。但其性极和平，于治疾则无速效耳。凡天地之生气，皆正气也。天地之死气，皆邪气也。正则和平，邪则有毒。毒者，败正伤生之谓。蜜本百花之蕊，乃生气之所聚，生气旺，则死气不能犯，此解毒之义也。"

也就是说春天的和谐之气，在花蜜里体现得最为充分，蜜蜂采百花之蜜，将百花之精华合在一起，成为天地间最精华的东西，蜂蜜最平和并且正气最为旺盛，也正因如此，蜂蜜能"解百药毒"。连有毒的东西与蜂蜜在一起，毒性都会减弱或者消失，那么谁还会与蜂蜜不对脾气呢？蜂蜜能调和百药，使各种物质和平共处，与甘草同工。

二、怎样看待下列说法

很多地方民间传说蜂蜜不能与葱、蒜同吃，吃了会死人。在古书《金匮要略》中也记载："生葱不可共蜜食之，杀人"，"食蜜糖后，四日内食生葱韭，令人心痛"。《饮膳正要》也有"生葱不可与蜜同食"的说法，而且一直流传至今。还有人说，蜂蜜不能与豆腐同食，不宜与孜然同食，不宜与韭菜同食等。

那么上面的说法是否有道理呢？特别是像"蜂蜜不能与葱同食"的说法，可是古书中的记载啊，我们怎样考证呢？我们应该怎样看待这样的问题？

首先，古书都是我们的先人一代一代手抄整理传承下来的，这个过程之中难免会出现错误，但这不影响我们学习古人的思想和经验。

其次，什么叫"杀人"，古书中"杀人"的含义很可能与现在的含义不同，不止是蜂蜜与葱，古书中很多提到能

"杀人"的食品或食用方法，都不能"杀人"，因此"杀人"的含义很可能是有某些副作用或对健康不利的因素等，比如我们现在常说抽烟是"慢性自杀"。在《本草纲目》中李时珍引述了名医孙思邈的说法："生葱同蜜食作下痢"，可见李时珍也不认为蜜同葱同食会杀人，但会使人腹泻，故有"作下痢"之说。现在人们把葱和蜜搭配用于治疗便秘。而对于健康人来讲，葱和蜂蜜搭配而"作下痢"，对人体是肯定没有好处的。可见，古人所说的"杀人"，其实是伤害人体健康的意思。

三、哪些体质的人应少食蜂蜜

（一）1岁以下的儿童慎服蜂蜜

（1）蜂蜜中有可能会有肉毒杆菌污染，引起儿童肉毒杆菌中毒。虽然这种情况非常非常罕见，但还是要引起重视。

（2）儿童的胃肠道发育还不完全，有时会发生过敏反应。极个别人对蜂蜜有过敏反应，特别是儿童，有时少量蜂蜜（即便是一小茶匙）就能引起肠胃失调。产生过敏现象的原因尚不清楚，有人认为是蜂蜜对胃肠壁有强烈的渗透作用，使肠胃失水过多引起疼痛感，也有人认为蜂蜜中的酸类化合物引起某些极少数人过敏反应。不管怎样，为了安全起见，当人们第一次食用蜂蜜时，先服少许，没有发现异常反应，再加大服用量，特别是病人和儿童应更加注意。

（3）食用蜂蜜产生不良反应时，不必惊慌。人体摄入任何食物，都需要消化吸收，中医叫做"运化"，就是把外界的食物化成我们人体自身需要的物质，运化是一个很艰苦的过程。就如同吃饭，人体对食物既需要又排斥，因为它们是异物。对于婴儿，这种现象表现得很明显，第一次接触某种食物时，婴儿就会排斥，会拉吐，但第二次就好了。第一次吃蜂蜜也是同样的道理，小孩拉稀不必紧张，他很可能是对吃进去的新东西还不适应。另外，小孩的食物不要过杂，会伤脾胃，导致运化不利，在合适的时候逐步喂食新的食物。

（二）糖尿病患者慎食蜂蜜

1. 蜂蜜能使血糖很快升高

营养学里有一个概念称为血糖指数（GI），是衡量各种食物对血糖可能产生多大影响的一项指标。血糖指数的高低与各种食物的消化、吸收和代谢情况有关，消化、吸收得快的食物，血糖指数就高。所以说，血糖指数可以用来帮助选择碳水化合物，对决定各种食物的摄入量有一定指导意义。

目前，世界卫生组织和联合国粮农组织都向人们尤其是糖尿病患者推荐，参照食物血糖生成指数表，合理选择食物，控制饮食，并建议在食物标签上注明总碳水化合物含量及食物血糖生成指数值（表7）。

一般来说，进食血糖指数越高的食物，餐后血糖升高得越快，血糖指数越高的食物，对糖尿病人就越不利，越低，则越适合于糖尿病患者。换句话就是糖尿病患者应尽量选择血糖指数偏低的食物品种。

表7　常见食物血糖指数（GI）
（世界卫生组织和联合国粮农组织）

食物	GI	食物	GI
白面包	101 ± 0	苹果	52 ± 3
全麦面包	99 ± 3	香蕉	83 ± 6
糙米	78 ± 8	橙子	62 ± 6
甜玉米	78 ± 2	蜂蜜	104 ± 21
全脂牛奶	39 ± 9	果糖	32 ± 2
脱脂牛奶	46	葡萄糖	138 ± 4
土豆片	77 ± 4	蔗糖	87 ± 2
花生	21 ± 12	乳糖	65 ± 4

糖尿病病友在选择食品时，考虑血糖指数是有意义的，即要选择血糖指数低的食物（包括水果），同时应记住，食物摄入总量对血糖的影响，比单一食物对血糖的影响要大得多。因此，回到能否吃蜂蜜的问题上，不是绝对的。

①根据自身的病情，血糖控制情况和医生的建议。

②如果要吃蜂蜜，一定要控制量，并且做到有选择性。蜂蜜中最主要的成分是糖类，它占蜂蜜总量的3/4以上，其中有单糖、双糖、低聚糖和多糖；单糖中的葡萄糖和果糖占蜂蜜总糖含量的85%～95%，它们可以直接从消化道吸收进入血液或组织液，而果糖的血糖指数很低，它不会提高血糖含量。

澳大利亚悉尼人类营养学研究所的一位教授对各种蜂蜜中的血糖指数进行了专门的研究，结果表明，糖尿病病人在进食yellow box、stringybark、澳洲桉树蜜、红橡胶蜜4种蜂蜜餐后2小时血糖水平平稳。说明不同种类的蜂蜜对血糖的影响是不同的，因此他建议，对糖尿病病人来讲，蜂蜜不应该作为一大类食品来限制，而应该细致到哪种蜂蜜比较适合，哪种蜂蜜不适合，应该更细致地将蜂蜜分类，以供糖尿病患者选用。

对糖尿病患者来讲，服用不易结晶的液态蜂蜜比较合适，如金合欢蜜、栗树蜜和洋槐蜜，因为一般来讲这些蜂蜜果糖含量比较高，但服用量一定要少。

2. 糖尿病病人可以适量服用蜂蜜

任何事物都不是绝对的，在糖尿病病人服用蜂蜜的问题上是同样的道理，关键在于总糖的摄入量和血糖的稳定情况。

国内外也有学者认为糖尿病患者可适量服用蜂蜜，不但无害，而且有辅助治疗的作用。祖国医学认为糖尿病的烦渴多饮、口干舌燥、多食善饥、大便干燥等症状，属肺燥津伤、胃火炽盛、阴液不足所致，糖尿病属于燥症。而蜂蜜有滋阴润燥、补中润肺的功能，正适合糖尿病病人适量服用，用以辅助治疗。但考虑到蜂蜜中含糖量很高，所以在使用上，中医也持慎重态度。总之，糖尿病患者在病情不稳定的情况下，还是以不吃蜂蜜为好，需要时最好是在中医或西医的指导下服用。

（三）以下情况下，慎用蜂蜜

大便滑溏、脾虚泻泄的人，要慎用蜂蜜。

第三章

你身边的蜂蜜

　　经初步加工后的蜂蜜可以再进一步加工为干粉、乳酪型蜂蜜，也可以直接用于酿酒、制作各种蜂蜜饮料、糕点等营养食品。

一、乳酪型蜂蜜

　　所谓的乳酪型蜂蜜就是指用人工的方法将蜂蜜加工、转化而成的油脂状结晶蜜。这个名称的得来是因为在以吃西餐为主的国家，人们习惯地将蜂蜜像吃乳酪似地涂抹在面包上吃，因此把便于涂抹的油脂状结晶蜜称为乳酪型蜂蜜。天然状态下的蜂蜜一般是液态或颗粒状的结晶，或者下层是颗粒状结晶，上层是液态，很难看到结晶细腻的油脂状结晶蜜，而液态蜜和颗粒状结晶蜜涂抹起来极不方便。为了满足消费者的需要，乳酪型蜂蜜被成功研制。其主要的加工工艺是晶种选择和制备，原料蜜的融化、过滤、破结晶核及灭菌、接种和诱导结晶等。乳酪型的成品蜂蜜，最好在 4~5℃ 的条件下储存。这种蜂蜜在国外比较普遍，我国市场并不多见。

二、固体蜂蜜

　　液态的蜂蜜不便于运输和储存，于是世界各国有关专家和学者自 20 世纪 40 年代以来就不断地进行着固态蜂蜜和蜂蜜干粉的研制工作，涌现出了大量的专利技术和市售商品，其工艺可以说是五花八门，各有所长。从技术路线的类型分析，可以将其分为 3 个类别：即通过低温冷冻－真空干燥脱水后制作成固体蜂蜜；将原料蜜升温脱水－经冷压干燥后制作成蜂蜜干粉；在原料蜜中添加淀粉或糊精之类的物质后，加温脱水制作成蜂蜜干粉。

我国蜂蜜主要以液态产品进入市场，在包装、运输、储存、携带等方面存在很大问题，使市场销售受到限制。如能将蜂蜜制成固体，就大大解决了上述问题。该产品的问世，更方便、更有利于将产品打入国际市场。开发高档的固体蜂蜜，是蜂蜜深加工的一个重要方向，是实现蜂蜜高附加值，出口创汇的有效途径。

我国每人每年食用蜂蜜量不足 100 克，随着人民生活水平的提高，生活节奏的加快，方便食品越来越受到欢迎，也给固体蜂蜜提供了广阔巨大的市场。随着人们健康意识的日益增强，高档固体蜂蜜产品无论作为食品添加剂还是作为营养保健品，市场前景十分看好。

三、蜂蜜酒

自古以来，世界各国都有用蜂蜜酿酒的习俗，用蜂蜜做原料酿制的酒，气味清馨，口感柔绵纯厚，营养丰富，是一种纯美可口的佳品。

蜂蜜中的主要成分是葡萄糖、果糖和其他低聚糖，这些成分占蜂蜜重量的 80% 以上，空气、水、土壤和动植物的身体内外到处都有细菌、酵母等微生物生长，就是在蜂蜜中也有大量的嗜糖酵母等微生物，这些微生物的体内有大量的能使糖类发生酵解作用的酶类，它们在适宜的条件下，会使蜂蜜发生酵解作用而生成酒精，所以这种司空见惯的自然现象很早就被人类的祖先认识并加以利用，因此，在世界各地自古以来就将蜂蜜当作制作各种风味的酒精原料。但在糖类的酵解中，因为酶的种类、温度、水质及蜂蜜的种类不同等，除了能生成酒精外，还同时生成很多种影响酒精气味和滋味的物质，所以世界各地制作的蜂蜜酒各有特色；即使是在同一个地区，甚至是同一个人在不同的情况下，生产出来的蜂蜜酒也会有不同的滋味。就是说影响蜂蜜酒的因素很多，要制作营养丰富，滋味纯美的蜂蜜酒不是一项简单的手艺，而是需要我们认真研究和实施的科学技术。

酿制蜜酒不一定使用优质成熟蜜，只要波美度达到 40 的蜜液即可用于酿制蜜酒，特别是那些色泽深、口感差的蜜，或者那些等级较低的杂花蜜，用于酿制蜂蜜酒可以较大地提高经济效益，蜂蜜酒的品种一般有蜂蜜啤酒、蜂蜜小香槟等。

目前，在一些西方国家的个别企业中开始使用蜂蜜做原料生产酒精，这是因为酒精能添加到汽油中提高其辛烷值以代替四乙基铅，从而降低了汽油燃烧后对环境的污染，这种不含酒精的汽油深受环保监管部门的重视，具有很好的市场销售前景。另外，用蜂蜜做原料生产酒精比用木材、玉米、高粱、甘蔗等做原料生产酒精的工艺、设备要简单得多，能源消耗少，而生产的效率却又高很多。用木材和玉米等做原料时，需要将其分解转化为单糖之后才能进入发酵工序，而用蜂蜜做原料时可以直接进入发酵工序，这样就大大简化了工序，降低了生产成本。在能源日趋紧张、环保意识日益增强的今天，用蜂蜜做原料生产酒精的技术对企业投资者将会产生越来越大的吸引力。

四、蜂蜜酸奶

酸奶是以牛奶、白糖为原料，经过乳酸菌等微生物的作用后生成的一种营养丰富的饮料，其味酸甜适度，深受妇女和儿童的喜爱。蜂蜜酸奶是以蜂蜜代替白糖制作的酸奶，不但使酸奶具有蜜香味，改善了口感，而且还提高了酸奶的营养保健功能，所以一上市就深受消费者的欢迎。

蜂蜜和牛奶在乳酸菌等微生物的作用下，牛奶中的蛋白质有一部分被分解为氨基酸，蜂蜜和牛奶中的其他成分被分解，转化为乳酸、乙酰乙醛及低分子量的有机酸等具有特殊风味的物质，这些物质除了能抑制其他有害微生物的生长之外，还能与牛奶中的酪蛋白等物质混合生成凝胶，从而生产出具有独特酸甜味的半固体状蜂蜜酸奶。

五、蜂蜜冰淇淋

冰淇淋是用奶粉、鸡蛋、白糖等为原料加工制作的食品，深受儿童和青少年的喜爱。蜂蜜部分地代替白糖制作的冰淇淋具有蜜香味及较强的营养保健功能，是一种很有销售前景的产品。

六、蜂蜜醋

我国民间素有用蜂蜜酿制蜜醋的习俗，用蜂蜜酿制的蜜醋酸中带甜，酸而不寡，甜而不腻，香醇宜人，独具风味，蜜醋不但味道诱人，而且含有丰富的氨基酸、维生素、微量元素等营养成分，用蜜醋配制的饮料有助于消除疲劳，增进食欲，软化血管，预防动脉硬化等功效；可辅助治疗高血压、糖尿病、心脏病、肝炎便秘等疾病，并有一定的美容、减肥作用，是醋中佳品。近年来世界上很多国家（例如日本）十分盛行用醋作保健饮料（图15）。

图15　蜂蜜醋

七、蜂蜜糕点、糖果

自古以来，我国民间各地都有用蜂蜜为原料制作具有地方和民族特色的糖果和糕点的习俗，用蜂蜜制作的糕点、糖果，营养丰富，清香爽口，外表光滑明亮，耐储存，其品质明显优于使用其他甜味剂制作的同类产品。例如添加蜂蜜制作的面包，比用白糖做甜味剂制作的面包清香爽口、质地柔软、不掉渣，而且容易消化，吸收深受老年人和儿童的欢迎。我国有很多地方性的传统风味糕点（例如河北唐山的蜂蜜麻糖、江苏丰县的蜂糕和山西闻喜的煮饼等）就是以蜂蜜为配料制作的。

（1）蜂蜜蛋松果（又名金丝果）

是河南糕点名师率先挖掘、继承、并传授于市的一种传统名优糕点。相传在公元1402年，为祝贺明成祖称帝，宫廷里的厨师用蜂蜜和果料做馅，白面做皮，鸡蛋拉丝过油成松裹在外面，精心制作成色泽金黄、香甜酥软的点心作为贡品，奉献给皇帝。皇帝食后感到此糕点的色、香、味极佳，称心如意，当即加封厨师，赏银千两，从此蜂蜜蛋松果名扬宫廷内外。

其制作工艺是：备齐面粉、香油、糖稀、白糖、鸡蛋、苹果酱、蜂蜜、桃仁等原料；将面粉和好，包入桃仁、苹果酱、蜂蜜馅，经过油炸、浸蜜，最后在外面附上蛋松即成。此糕点具有香甜适口、皮绵馅软、甜而不腻、营养丰富、风味独特、老幼皆宜的特点。

（2）蜂蜜麻糖

是河北省唐山市丰润区生产的名特产品，已有400多年的历史，蜂蜜麻糖的色泽乳黄，蓬松呈团花状，层次薄如蝉翼而均匀透明，香甜酥脆且有软绵之感。

（3）闻喜煮饼

山西省闻喜县的煮饼早在明朝时就以酥沙松软、甜而不腻闻名全国，它是以面粉、蜂蜜、红糖、绵白糖、饴糖、香油和苏打粉等为原料精心制作的。

（4）蜂蜜蛋糕

用蜂蜜做的蛋糕松软适度，不掉皮，不容易发干，耐储存，而且营养丰富。

（5）蜂蜜面包酥

先将鸡蛋去壳，鸡蛋清与蛋黄分开，并分别调匀为蛋清液和蛋黄液，备用；将绵白糖、蜂蜜、饴糖和小苏打放入和面机内，在搅拌下加入适量水，接着加入制好的鸡蛋清、白油和桂花，搅拌均匀后，继续在搅拌下逐步加入富强粉，使得到的面团软硬适度；然后，将面团置于案板上搓成长条，在其表面均匀地散布少量芝麻，再将其切开并捏制成重约 20 克的小面剂，随后把一个个小面剂搓制成枣核形生坯，在生坯的纵向用铁片压一个条口，其深度约为生坯厚度的 1/3，在每一个生坯的表面刷上一层蛋黄液，并逐一码放在烤盘内，送入烤炉内烘烤，炉温 160℃，烘烤约 10 分钟，出炉后冷却至常温即制成蜂蜜面包酥。

（6）蜂蜜核桃酥

先将鸡蛋去壳打入和面机中，在搅拌下逐步加入白糖、蜂蜜、小苏打和适量水，待搅拌均匀后，继续加入白油、桂花和核桃仁，最后加入富强粉进行揉制，使面团揉制成松散状，软硬适度；取出面团，在案板上分切成块，再将每一块揉成长的圆条，按规定量切成面剂，然后在面剂上铺撒适量干面，将此面剂放入模内，用手按平，然后磕出，要求生坯的模纹清晰，成型规则；把成型后的生坯码放在烤盘内，相互间留有适当的间隔，以防止烘烤时发生粘连；将盛满生坯的烤盘送入烤炉内进行烘烤，炉温 130～140℃，出炉时的温度为 280～290℃，烘烤 10 分钟左右，出炉后冷却至常温即得到蜂蜜核桃酥的成品。

第四章

蜂蜜最近研究进展

一、各种蜂蜜的化学成分研究进展

(一) 糖类

蜂蜜是一种高度复杂的糖类过饱和混合物。糖含量占蜂蜜干物质的95%～99%，其中以果糖和葡萄糖含量最高，其次是蔗糖，3种糖含量占总糖的80%～90%。欧盟、国际食品法典以及我国现行的蜂蜜国家标准《GB 14963—2011 食品安全国家标准蜂蜜》均将糖含量作为蜂蜜中有的指标性成分，并对其规定：蜂蜜中果糖和葡萄糖含量应大于等于60%，蔗糖含量低于5%。来源于花蜜中的葡萄糖和果糖是蜂蜜的主要风味成分，二者的比例大多接近1:1，且为蜂蜜结晶的原因之一，其中的葡萄糖含量越高则越容易结晶。蜂蜜中的双糖为麦芽糖、曲二糖、异麦芽糖、海藻糖、松二糖、昆布二糖、黑曲霉二糖、龙胆二糖等。此外，还有少量的低聚糖，如松三糖、麦芽三糖、1-蔗果三糖、棉子三糖、果糖麦芽糖、异麦芽四糖、异麦芽五糖等。Salonen等在矮丛蓝莓蜜中发现有痕迹量的潘糖，在木莓蜜中有四没食子酰基葡萄糖的存在。

(二) 黄酮类成分

蜂蜜中的黄酮类物质大部分来源于植物花蜜、花粉和蜂胶,是蜂蜜中的主要抗氧化成分,因蜜源不同,每100克蜂蜜中总黄酮含量从20微克至 6.35 毫克不等,差异较大,而且来源于不同产地的相同蜜源植物,其所含黄酮含量也存在差异,如澳大利亚的石楠蜜中每 100 克蜂蜜中黄酮含量为 2.12 毫克,而葡萄牙的石楠蜜中每 100 克蜂蜜中则为 60～500 微克。但在不同季节采收的蜂蜜,虽黄酮含量不同,其所含特征性黄酮成分却相同,因此,很多学者认为,黄酮可以作为区别蜂蜜的指标。

各国学者对蜂蜜中黄酮成分的研究主要采用色谱或HPLC-DAD-MSn/ESI 等方法进行鉴定和识别。研究表明,蜂蜜中的黄酮多以苷元的形式存在,主要有黄酮、二氢黄酮、黄酮醇、二氢黄酮醇以及异黄酮类物质。槲皮素 (Quercetin)、木犀草素 (luteolin)、山奈酚 (kaempferol)、高良姜素 (galangin)、杨梅酮 (myricetin)、白杨素 (chrysin)、橙皮素 (hesperetin)、柚皮素 (naringenin) 广泛存在于各种单花蜜中。另外,芹菜素 (apigenin)、三粒小麦黄酮 (tricetin)、杨芽黄素 (tectochrysin),异鼠李素以及蜂胶黄酮的衍生物——乔松素 (pinocembrin)、短叶松素 (pinobanksin) 在多种蜂蜜中也被检测出来。黄酮苷类成分只在少数几种蜂蜜中被检出,其苷元包括槲皮素、芹菜素、异鼠李素以及牡荆黄素。

蜂蜜中的黄酮来源根据采集纬度不同存在很大的区别:北半球所采集蜂蜜中的黄酮类化合物主要来自于蜂胶,而温度较高地区所采集的蜂蜜则主要来自蜜源植物的花粉和花蜜。因此,不同产地及种类的蜂蜜中所含的黄酮类化合物的组成也各具特点,如澳大利亚产桉树蜜含有乔松素、短叶松素、白杨素,借此可区别于欧洲桉树蜜;乔松素、短叶松素的检测可区别中国及克罗地亚产的洋槐蜜。黄酮成分组成的共性也可为某蜜种的确定提供依据,如橙皮素在所有的柑橘蜜中均有发现,三粒小麦黄酮也被发现存在于不同产地的桉树蜜中。而槲皮素、山奈酚、异鼠李素及芥子油苷的共同存在则成为阿根廷细叶豌豆蜜的生物学标记。黄酮类成分的存在将可为蜂蜜产地及种类的识别提供依据（表8）。

表8　不同产地单花蜜中的黄酮类成分

单花蜜种	已鉴别的成分	产　地
洋槐蜜	白杨素、槲皮素、山柰酚、木犀草素、芹菜素、高良姜素、菲瑟酮、杨梅酮、乔松素、芦丁、短叶松素	克罗地亚、中国
向日葵蜜	槲皮素、山柰酚、芹菜素、乔松素、短叶松素、白杨素、高良姜素、杨芽黄素、3, 3′-二甲氧基-槲皮素、杨梅酮、木犀草素、橙皮素、异鼠李素、柚皮素	澳大利亚、加拿大、欧洲、苏丹
桉树蜜	三粒小麦黄酮、槲皮素、木犀草素、杨梅酮、山柰酚、乔松素、短叶松素、白杨素	澳大利亚、欧洲
石楠蜜	短叶松素、乔松素、白杨素、高良姜素、杨梅酮、三粒小麦黄酮、槲皮素、3-甲氧基-杨梅酮、3′-甲氧基-杨梅酮、木犀草素、山柰酚、芹菜素、柚皮素、牡荆黄素、牡荆黄素-O-鼠李糖苷、芦丁、金丝桃苷、栎素、异鼠李素	澳大利亚、葡萄牙、立陶宛、西班牙、新西兰、波兰
迷迭香蜜	山柰酚、短叶松素、乔松素、白杨素、高良姜素、8-甲氧基-山柰酚、芹菜素、异鼠李素、7-甲基-乔松素、杨芽黄素	墨西哥和加拿大、欧洲、突尼斯
柑橘蜜	橙皮素、短叶松素、槲皮素、乔松素、白杨素、柚皮素、高良姜素、山柰酚、木犀草素	欧洲、埃及
法国薰衣草蜜	木犀草素、柚皮素、乔松素、白杨素、槲皮素、山柰酚、短叶松素、高良姜素	西班牙、墨西哥、加拿大、葡萄牙

（续）

单花蜜种	已鉴别的成分	产　地
油菜蜜	短叶松素、山柰酚、白杨素、乔松素、高良姜素、木犀草素、槲皮素、芹菜素、异鼠李素、汉黄芩素、牡荆黄素、牡荆黄素-O-鼠李糖苷、芦丁、金丝桃苷、栎素、异鼠李素	立陶宛、法国、中国
茶树蜜	杨梅酮、槲皮素、木犀草素、三粒小麦黄酮、短叶松素、3-甲氧基-槲皮素、山柰酚、8-甲氧基-山柰酚、乔松素、3,3′-二甲氧基-槲皮素、异鼠李素、白杨素、杨芽黄素	澳大利亚
荞麦蜜	槲皮素、山柰酚、白杨素、高良姜素、杨梅酮、柚皮素、乔松素	加拿大、波兰
苜蓿蜜	槲皮素、短叶松素、乔松素、白杨素、高良姜素、柚皮素、山柰酚、牡荆黄素、牡荆黄素-O-鼠李糖苷、芦丁、金丝桃苷、栎素、异鼠李素	加拿大、立陶宛、新西兰、埃及
紫云英蜜、枣花蜜	菲瑟酮、桑色素、木犀草素、染料木素、山柰酚、杨梅酮、白杨素、乔松素、儿茶素	中国
党参蜜	菲瑟酮、槲皮素、杨梅酮、白杨素、乔松素、儿茶素	
土黄连蜜	菲瑟酮、桑色素、槲皮素、柚皮素、木犀草素、染料木素、山柰酚、异鼠李素、杨梅酮、白杨素、乔松素、芦丁、儿茶素	
龙眼蜜	菲瑟酮、桑色素、槲皮素、木犀草素、芹菜素、黄芩素、杨梅酮、白杨素、乔松素、芦丁、儿茶素	
野桂花蜜	桑色素、槲皮素、柚皮素、木犀草素、染料木素、山柰酚、芹菜素、黄芩素、杨梅酮、白杨素、乔松素、芦丁、儿茶素	

（续）

单花蜜种	已鉴别的成分	产　地
欧洲栗蜜	短叶松素、乔松素、白杨素、槲皮素-3-戊糖己糖苷	法国
南海杜鹃蜜	短叶松素、乔松素、山柰酚、白杨素	
马奴卡茶树蜜、山毛榉蜂蜜	短叶松素、乔松素、白杨素、高良姜素	新西兰
鼠尾草蜜	槲皮素、木犀草素、山柰酚、芹菜素、白杨素、高良姜素	克罗地亚
山楂蜜、荨麻蜜、松树蜜、木莓蜜、百里香蜜	白杨素、高良姜素、橙皮素、山柰酚、柚皮素、槲皮素	波兰
香菜蜜、酸橙蜜、柳树蜜	槲皮素、山柰酚、牡荆黄素、牡荆黄素-O-鼠李糖苷、芦丁、金丝桃苷、栎素、异鼠李素	立陶宛

（三）酚酸类

蜂蜜中的酚类物质含量很高，酚类的含量越高，则蜂蜜的颜色越深。酚类化合物中尤以酚酸占主导地位，更与蜂蜜的活性呈正相关。

蜂蜜中的酚酸类成分随蜜种不同，含量差异较大。曹炜等对槐花蜜、油菜蜜、荞麦蜜等10种蜂蜜的总酚酸含量进行了测定，结果表明，总酚酸含量在每100克蜂蜜中含13.30～148.46毫克，其中荞麦蜜的总酚酸含量远高于其他种类的蜂蜜。不同产地蜜源植物采集的同种蜂蜜中，其酚酸含量存在很大的差异，且其中的主要成分含量分布亦不同。如对澳大利亚产的9种桉树蜜中的酚酸进行研究表明，*Eucalyptus largiflorens* 蜜中酚酸含量为每100克蜂蜜中含2.14毫克，而 *Eucalyptus intermedia* 蜜中则为每100克蜂蜜中含10.3毫克，其中以鞣酸含量最高；澳洲茶蜂蜜（*Leptospermum polygali-*

folium）中酚酸含量为每 100 克蜂蜜中含 5.14 毫克，其中没食子酸及香豆酸含量较高，新西兰茶树蜜（*Leptospermum scoparium*）中酚酸含量为每 100 克蜂蜜中含 14.0 毫克，以没食子酸为主。因此，有学者提出以酚酸与黄酮类物质的组成作为鉴别蜂蜜种类和产地的依据。

广泛存在于各种单花蜜中的酚酸类物质有：咖啡酸、没食子酸、氯原酸、桂皮酸、对-香豆酸、鞣酸、阿魏酸、紫丁香酸、香草酸、苯甲酸（对-羟基-苯甲酸、3-羟基-苯甲酸）。但一些酚酸只在少数几种或者不同产地的蜂蜜中发现，如中国产的多种蜂蜜中均鉴别出 3,4-二甲氧基肉桂酸的存在；而欧洲产的向日葵、薰衣草、洋槐蜜中则发现有肉桂酰基咖啡酸，龙胆酸、芥子酸只在波兰产的芦荟蜜、薄荷蜜中发现；迷迭香酸则发现存在于百里香蜜、迷迭香蜜及波兰产的石楠蜜和荞麦蜜中；*protocatequic acid* 原儿茶酸只在葡萄牙东北地区产的蜂蜜中被发现；草莓蜜中则存在独特的尿黑酸。在蓝莓蜜和木莓蜜中含有 6 个肉桂酸衍生物，2 个绿原酸衍生物，咖啡酸苯乙基酯。由此提示，蜂蜜中酚酸种类不同可为其来源产地提供依据。

（四）其他类成分

1. 氨基酸类

蜂蜜中的游离氨基酸含量是 0.1%～0.78%，主要是赖氨酸、组氨酸、精氨酸、苏氨酸等 17 种氨基酸，且其含量与蜂蜜对亚硝酸盐的抑制能力呈现正相关。不同产地的蜂蜜中所含的氨基酸比例不同，如爱沙尼亚地区采集的蜂蜜中，α-丙氨酸、β-丙氨酸、天冬氨酸、γ-氨基丁酸、谷氨酸盐、氨基乙酸、组氨酸、鸟氨酸、苯丙氨酸、脯氨酸、丝氨酸和色氨酸，其中以脯氨酸和苯丙氨酸含量较高，而西班牙某区域约 2 000 千米^2 内所采集的蜂蜜中主要含有谷氨酸和色氨酸，因此，游离氨基酸在蜂蜜中的分布，为蜂蜜地域性标记丰富了内容。

2. 有机酸

脱落酸普遍存在于各种蜂蜜中，且含量均相对较高，其含量通常与酚酸含量呈正相关。在草莓蜜中的脱落酸有两种构型，即：（±）-2-顺，4-反-脱落酸和（±）-2-反，4-反-脱落酸，含量分别为176.2毫克/千克和162.3毫克/千克，远高于其他蜜种。

Isidorov等在34个意蜂蜜中分辨出10个脂肪酸成分：7-OH-辛酸、8-OH-辛酸、3-OH-癸酸、9-OH-癸酸、9-OH-2-癸酸、10-OH-癸酸、10-OH-2-癸酸（10-HDA）、3，10-二OH-癸酸、2-辛烯-1，8-二酸、2-癸烯-1，10-二酸。朱晓玲等则在湖北产的油菜等4种单花蜜中识别出棕榈酸、亚油酸等14种脂肪酸甲酯，且不饱和脂肪酸含量占50%以上。

荆条蜜中鉴别出L-苹果酸、马来酸、琥珀酸、柠檬酸、D-苹果酸5个有机酸类成分。

许多研究表明，有机酸也可能成为蜂蜜的地域性特征成分。在蓟（*Galactites tomentosa*）蜜中，苯乳酸含量高达（418.6±168.9）毫克/千克，并含有铬色素，此两种物质可作为蓟蜜的特征性成分。

Wilkins等认为2-甲氧基丁酸和3-羟基-4-甲基-反-2-戊烯二酸是新西兰龙眼蜜的地方性标志成分。在栗树蜜中还发现有4-（1-OH-1-异丙基）-环己烷-1，3-二烯-1-羧酸的存在。

3. 生物碱类

蜂蜜中有关生物碱类物质的报道极少，只有在栗树蜜中分得两个含氮化合物：犬尿喹啉酸和4-喹诺酮-2-羧酸，在其他蜂蜜中未发现。

4. 酶类

蜂蜜中含有多种酶，如淀粉酶、蔗糖酶、葡萄糖氧化酶、过氧化氢酶，以及还原酶、脂酶、类蛋白酶等，这些酶在新陈代谢过程中具有十分重要的作用。为蜂蜜独特的医疗保健效果提供了一定的物质基础。

5. 矿物质

研究发现，蜂蜜中含有丰富的 K、Ca、Na、Mg、Fe、Zn。孙建民等在测定河北槐花蜜、椴树蜜及东北黑蜂蜜时发现其中还含有 Mn、Cu 和 P 元素。郭岚等在桂花蜜、洋槐蜜、紫云英蜜中发现含有 Se、Al、Ba、Mn、Ni 等元素；陈兰珍等发现 Se 和 Mo 存在于多种蜂蜜中。Chakir 等通过对 48 种摩洛哥蜂蜜中的元素进行测定，除 K、Na、Ca、Mg、Al、Fe 和 Zn 含量较高外，还含有微量 Mn、Cu、Ba、Ni、Cr、Co、Se、As、Ag 和 Be 等元素。Anastasia Pisani 等测定了意大利产的 51 个蜂蜜样品中的 23 种元素，发现各样品中 K、Ca、Na、Mg、Fe、Zn 和 Sr 的含量均较高，可达到 1 毫克/千克；Ba、Cu、Mn 和 Ni 的含量介于 100～1 000 微克/千克；As、Cd、Co、Sb 和 U 的含量为 1～10 微克/千克；Th 的含量低于 1 微克/千克。由此可见，蜂蜜中的元素种类及含量也存在地域性差异。

6. 挥发性成分

蜂蜜中的挥发性成分是蜂蜜品质的重要组成部分，也可表现出蜂蜜种类的差异性。Bouseta 等人对不同国家的 84 种蜂蜜进行分析，结果表明蜂蜜中的挥发性成分包括七大类：酮、醛、醇、环状化合物、酯、碳水化合物以及含氯化合物。李成斌等分析了 8 种蜂蜜中的挥发性成分，鉴定出 117 种化合物，但为 8 种蜂蜜所共有的挥发性成分只有 4 个：苯乙醛、糠醛、邻苯二甲酸二异辛酯和 β-苯乙醇，且各蜂蜜中的醇、醛、酮、酯及苯和萘的衍生物的含量有较大差异。涂世等在 49 个油菜蜜样品中发现了 17 个共有挥发性成分，其中，苯甲酸-4-羟基-3,5-二甲氧基-酰肼可能为油菜蜜的标记性成分。而 14 个共有峰组成了枣花蜂蜜挥发性成分指纹图谱。在 4 种 39 份新疆单花蜜样品中共检测出 144 种挥发性成分，但各种蜂蜜中的特征性成分完全不同：芳樟醇、2-（1，1-二甲基）-环己醇和联苯为沙枣蜜的特征性挥发组分；油菜蜜的特征性挥发物质为雪松醇；4-萜品醇是葵花蜜最显著的特征性挥发物质；3-苯基丙烯醛、3-苯基-2-丙烯醇为棉花蜜的特征性挥发组分。野藿香蜜挥发性成分中以 5-羟甲基-2-呋喃甲醛含量最高。

总之，蜂蜜是营养丰富、绿色安全的天然滋补品之一，其多种多样的药理活性已经为人们所认识，在饮食、医药、化妆品等行业被广泛应用，深受消费者青睐，市场占有率很大。我国一直是蜂产品生产和出口大国，拥有很多珍贵特种单花蜜，但市场上的蜂蜜质量参差不齐，掺假现象较严重，严重影响了在国际市场上的声誉。而明确各种蜂蜜中的特有成分，则是控制蜂蜜质量、区别蜂蜜种类、识别掺杂的重要途径。深入研究各种单花蜜的化学成分，可为阐明蜂蜜药理活性及应用提供科学依据，使蜂蜜可以更好地为人类健康服务。

二、蜂蜜孢粉学研究进展

蜂蜜孢粉学是研究蜂蜜中花粉的科学，是孢粉学的一个重要分支。其主要任务是通过对蜂蜜中的花粉分析及蜜源植物花粉形态比较研究，来确定蜂蜜的来源、产地和种类。对蜂蜜中有毒花粉形态的分析鉴别，可以确保蜂蜜消费者的食用安全。对来自不同蜂种的蜂蜜中的花粉分析，有助于研究蜜蜂的种间竞争。

（一）国外研究概况

国外蜂蜜孢粉学研究的历史可以追溯到 19 世纪末，早在 1895 年 Pfister 开始利用光学显微镜观察了产自瑞士、法国和北欧一些国家的蜂蜜中的花粉，据此来推断、确定蜂蜜的地区来源。在接下来的一个多世纪里，欧洲、美洲和亚洲的许多国家，如西班牙、意大利、巴西、阿根廷和印度等国家，立足于本国的植物资源，相继开展了大量的蜂蜜孢粉分析工作，积累了丰富的研究资料。

1. 西班牙

Jato 等（1991 年）对西班牙西北部奥伦塞地区 94 个蜂蜜样品进行了定量的孢粉分析。确定了该地区主要的蜜源植物有欧洲板栗、悬钩子属、百脉根和杜鹃花科。次年，Seijo 等对拉科鲁尼亚 60 个蜂蜜样品进行了花粉分析，其中 37 个样品为多花蜜，23 个为单花蜜。栗属、桉属、悬钩子属、石南属和染料木属花粉组合在 87％ 的样品中存在，该花粉组合特征可用于鉴别本地区的蜂蜜。1994 年 Ortiz 研究发现了蜂蜜和花粉样品中半日花科植物花粉的存在，结果证明半日花科植物可以作为西班牙西南部地区蜜蜂的食物来源。1997 年，Diaz Losada 等研究了采自加利西亚省 6 个不同养蜂场的 20 个蜂蜜和花粉样品，结果表明花蜜是当地主要的蜂蜜来源，而金雀儿、欧洲板栗、悬钩子属、夏栎和石南属等植物是当地主要的花粉源。同年，Seijo 等分析了该省 530 个蜂蜜样品，并报道了其中 212 个单花蜜的地理来源。2001 年 Perez-Atanes 等研究了加利西亚省 30 个蜂蜜样品中的真菌孢子，并探讨了样品中真菌孢子和花粉数量之间的关系。同期，Seijo 和 Jato 为了解栗属花粉在加利西亚蜂蜜中的重要性，对 599 个蜂蜜样品进行了花粉分析。2002 年 Herrero 等分析了采自利昂和帕伦西亚的 89 个蜂蜜样品，根据蜂蜜中花粉的组成，确定了 46 个样品为单花蜜。同时，聚类和相关分析结果表明从地理和植物的角度对蜂蜜进行品质鉴定是行之有效的。2004 年 Terrab 等研究了西班牙 25 个百里香蜂蜜初步的孢粉学特征。2006 年 de Sa-Otero 等对西班牙西北部 11 个蜂蜜样品进行了定性和定量的分析，其结果表明不同种类的蜂蜜其花粉组成也不同。2008 年 de Sa-Otero 和 Armesto-Baztan 对采自 Allariz-Maceda 不同养蜂场的 45 个样品进行了蜂蜜孢粉学的定性和定量研究。

2. 意大利

Ferrazzi（1992 年）阐述了蜂蜜孢粉学的研究目的和意义以及在意大利的研究概况。1995 年 Oddo 等利用感官、显微观察（主要是定性和定量的蜂蜜孢粉分析）和理化特性分析对 14 种意大利单花蜜的特征进行了综合研究。1996 年 Floris 等对 150 个撒丁岛的蜂蜜（包括 87 个多花蜜和 63 个单花蜜）进行了定量的花粉分析，其主要目的是通过检测蜂蜜中花粉的绝对数目来确定撒丁岛蜂蜜的等级。1997 年 Poiana 等对意大利市售的 198 个蜂蜜样品进行了孢粉学、化学、物理化学和感官特性的综合分析，通过研究确定了这些蜂蜜样品的植物来源以及可能的进口国。

3. 希腊

Dimou 等（2006 年）对希腊 4 个不同地区的 73 个冷杉和松粉蜂蜜样品进行了显微观察，结果显示借助显微分析能够将不同植物来源的松粉和冷杉蜜露蜂蜜区分开，但并不能鉴别蜂蜜的地理来源。同年，Karabournioti 等对产自不同区域的 180 种希腊百里香蜂蜜进行了花粉分析，并利用判别模型来预测这些蜂蜜的地理来源。

4. 巴西

Ramalho 等（1991 年）通过对圣保罗和巴拉纳地区的 256 个蜂蜜样品进行花粉分析确定了这些蜂蜜的特征和蜜源植物。1998 年 Barth 和 Da Luz 研究了采自里约热内卢瓜纳巴拉海湾附近的红树林区域的蜂蜜样品和西方蜜蜂携带的花粉，分析结果表明蜜蜂经常从杂草植物和作物摄取花粉，而从典型的红树林植物摄取的花粉很少。2004 年 Barth 对巴西蜂蜜孢粉学的研究历史和现状进行了总结。2007 年 Sodre 等分析鉴定了采自皮奥伊州和塞阿拉州的 58 个蜂蜜样品中的花粉，并证实了 2～8 月可以作为蜜源的主要植物。

5. 阿根廷

Valle 等（2001 年）对产自 Sistema Ventania 山前平原的

22 个蜂蜜样品进行了花粉的物理化学特性分析。其中 15 个蜂蜜样品被证明是单花蜜，其他 7 个是多花蜜。2003 年 Forcone 等通过花粉分析探讨了巴塔哥尼亚丘布特流域的蜂蜜中花粉组成的年内变化。2006 年 Fagundez 等对 38 个产自恩特雷里奥斯中部地区的蜂蜜样品进行了定性和定量的花粉分析，并根据植物和地理来源对蜂蜜样品进行了分类。2008 年 Forcone 分析了 1995—2004 年在巴塔哥尼亚丘布特省采集的 140 个蜂蜜样品中的花粉，其目的主要在于确定意大利蜜蜂的蜜源植物。

6. 乌拉圭

Daners 等（1998 年）运用蜂蜜孢粉学研究来鉴定乌拉圭市售的 21 个蜂蜜样品的植物和地理来源。2008 年 Corbella 等对乌拉圭 49 个不同植物来源的蜂蜜样品进行了花粉分析，基于统计的花粉数量并结合主成分分析和线性判别分析对蜂蜜样品进行了检测。结果表明用花粉数量结合多变量分析的方法来检测蜂蜜样品是行之有效的。

7. 印度

Jhansi 等（1991 年）研究了采自印度南部安得拉邦普拉喀桑地区排蜂蜂巢的 6 个蜂蜜样品，通过花粉分析证实了这些蜂蜜均为多花蜜，同时确定了该地区夏季主要的蜜源植物。1995 年 Ramanujam 等分析了安得拉邦哥达瓦里东部地区养蜂场的 29 个蜂蜜样品，结果表明其中 20 个样品为单花蜜。2002 年 Jana 等对孟加拉邦穆希达巴德地区的 25 个养蜂场蜂蜜和 6 个压榨蜜进行了定性和定量的花粉分析，结果表明这些蜂蜜大部分是以黑芥、芜菁、向日葵、辣木、枣和蓝桉为主的单花蜜。2004 年 Jana 对采自恒河平原的 122 个蜂蜜样品进行了花粉分析，鉴定了该地区主要的蜜粉源植物。2005 年 Bhusari 等对马哈拉施特拉邦 27 个蜂蜜样品和从 19 个蜂巢中获得的 245 个花粉团进行了花粉分析，其结果对该地区商业养蜂企业的建立和发展非常重要。

8. 其他国家和地区

Kerkvliet 等（1991 年）研究了产自苏里南滨海平原 30 个不同地点的 97 个蜂蜜样品，分析结果表明该地区重要的蜜源植物主要有亮叶白骨壤、药用紫檀、乌墨和圭亚那冬青木等。1992 年 Jones 等综述了 20 世纪以来美国蜂蜜孢粉学的研究概况。1993 年 Dustmann 等运用蜂蜜花粉分析方法探讨了花蜜来源，结果显示大戟科的大戟属和乌桕属中的多个物种是花蜜的主要来源，同时借助光学显微镜和扫描电子显微镜对大戟属和乌桕属植物花粉进行了形态观察。

同年，Lutier 等对蜂蜜花粉分析方法提出了改良。1994 年 Villanuevag 通过蜂蜜样品的花粉分析探讨了墨西哥尤卡坦半岛意大利蜜蜂的花蜜来源。与此同时，Vit 等对委内瑞拉 23 个不同地点的 68 种无刺蜂蜂蜜进行了花粉分析。1996 年 Behm 等论述了蜂蜜花粉分析在确定蜂蜜种类和来源等方面的可靠性。1997 年 Coffey 和 Breen 研究了爱尔兰蜜粉源的季节性变化。1998 年 Aira 等对产自葡萄牙的 80 个蜂蜜样品进行了孢粉分析，鉴定出 63 个单花蜜，并认为利用某些具有指示意义的花粉可以将葡萄牙的单花蜜和西班牙的单花蜜区分开。

同年，Molan 认为蜂蜜中的花粉揭示出蜜蜂产蜜时周围生长的一些植物，因而可以利用蜂蜜孢粉学确定蜂蜜的地理来源，但是在确定蜂蜜的植物来源时存在问题。2005 年 D'Albore 等对克罗地亚 64 个蜂蜜样品进行了花粉分析，鉴定出 106 种花粉类型，并根据这些花粉类型来确定蜜蜂的采蜜场所。

2006 年 Dag 等对以色列油梨蜂蜜进行了物理、化学和孢粉学特征的分析。此外，Kanjeric 等对 112 个南斯拉夫达尔马提亚鼠尾草蜂蜜样品进行了物理化学、孢粉学以及感官特性的综合分析。结果表明虽然鼠尾草蜂蜜的化学组成具可变性，但同时也具有它独有的特征。

Ramos 等对产自耶罗岛 19 个不同养蜂场的 31 个蜂蜜样品进行了定性和定量的花粉分析以及运用感官特征来评判蜂蜜品质。2007 年 Dimou 等研究了蜂王浆样品中的花粉，并与花粉捕捉器捕集的花粉进行了比较，结果表明花粉分析可用来确定蜂王浆的地域来源。同时，Dimou 等对比研究了 3 种用于评价蜜蜂采集到的花粉相对丰度的方法。

Dongock 对产自喀麦隆的 30 个蜂蜜样品进行了花粉分析，其主要目的是通过蜂蜜孢粉学的研究来确定哪些蜜源植物是塞内加尔蜂经常光顾的。Sajwani 等对 48 个采自阿曼马斯喀特和阿曼湾巴提奈地区的蜂蜜样品中的花粉进行了光学显微镜和扫描电子显微镜的观察，共鉴定了 50 科 122 种花粉类型。结果显示 32 个蜂蜜属单花蜜，其余 16 个属多花蜜。

（二）国内研究现状

相比而言，国内蜂蜜孢粉学的研究起步相对较晚。大多数研究工作集中在蜜粉源植物（包括有毒蜜粉源植物）花粉形态观察和描述方面，很少涉及蜂蜜中花粉的定性和定量研究。

蜂蜜孢粉学在经历了一个多世纪的发展以后，已经从定性分析发展到定量研究的阶段，研究方法不断改进提高，从最初的整体封片法、醋酸酐分解法发展到追踪孢子法。同时，花粉分析与感官、物理化学、数理统计分析相结合，应用于综合探讨蜂蜜的特性、种类以及植物和地域来源等方面。

国内蜂蜜孢粉学研究与国外研究水平还有一定差距，还存在不少问题。目前，国内主要集中在蜜粉源植物的花粉形态研究方面，对蜂蜜中的花粉进行定性和定量的研究以及确定蜂蜜的植物和地域来源等方面相对缺乏，发表的相关论文也非常有限，而且研究比较零散，不够集中，研究的样品数量较少。今后有待在蜂蜜中花粉的定性和定量研究方面加大力度，系统性地开展研究工作，并尝试运用国外的先进技术和方法，不断提高国内蜂蜜孢粉学的研究水平。

三、蜂蜜抗氧化成分的研究进展

自由基是指外层轨道上具有单个不配对的原子、原子团和分子，广泛存在于生物体中，具有调节细胞间的信号传递、细胞生长，抑制病毒和细菌的作用。正常情况下，人体内自由基的生成和清除处于动态平衡中，当机体被某些疾病或外源性物质（如各种放射线）入侵后，自由基代谢就会发生异常，可导致细胞和组织器官损伤，诱发动脉粥样硬化、高血压、白内障、癌症、心肌缺血再损伤、关节炎和类风湿症等疾病，加速机体衰老。已有研究表明，摄取富含抗氧化剂的膳食可以有效预防与自由基相关的多种疾病。食物中的抗氧化剂具有安全性高、无副作用等优点，因此富含抗氧化剂的食物广受人们的青睐。

以往人们将蜂蜜的药用功能和保健功能归因于蜂蜜的抑菌性质，然而随着对蜂蜜研究的不断深入，发现蜂蜜中存在抗坏血酸、维生素E、类胡萝卜素以及酚类化合物，这些物质不仅具有多种生物活性，而且有很强的抗氧化活性。尤其是蜂蜜中的黄酮类化合物和酚酸类化合物已成为近年来的研究热点。

（一）蜂蜜中的黄酮类化合物

1. 黄酮类化合物的结构与分类

黄酮类化合物（flavonoids）是以黄酮（2-苯基色原酮）为母核而衍生的一类黄色色素，其中包括黄酮的同分异构体及其氢化的还原产物，也即以 C_6-C_3-C_6 为基本碳架的一系列化合物。根据三碳键（C_3）结构的氧化程度和B环的连接位置等特点，黄酮类化合物可分为下列几类：黄酮和黄酮醇；黄烷酮（又称二氢黄酮）和黄烷酮醇（又称二氢黄酮醇）；异黄酮；

异黄烷酮（又称二氢异黄酮）；查耳酮；二氢查耳酮；橙酮；黄烷和黄烷醇；黄烷二醇（又称白花色苷元）等，此外，还有小部分其他结构的黄酮类物质。黄酮类化合物是广泛分布在植物界的一类化合物，现已发现数千种不同类型的黄酮类化合物，具有清除自由基、抗突变、抗肿瘤、抗菌、抗病毒、调节免疫力等功能生物活性。黄酮类化合物具有上述功能大多都归功于它的抗氧化活性和螯合能力。黄酮类物质通过酚羟基与自由基反应，生成较稳定的半醌式自由基，从而终止自由基链式反应是其最主要的抗氧化机制。

2. 蜂蜜中黄酮类化合物的研究进展

　　黄酮类化合物是存在于蜂蜜中的一类主要抗氧化成分，主要来自植物花蜜、花粉和蜂胶，含量在 20 毫克/千克左右。蜂蜜中的黄酮类化合物主要是以配基和糖苷形式存在。由于蜜源植物的不同，蜂蜜中黄酮类化合物的含量和种类也有所差别。如葡萄牙的石楠花蜜中黄酮类化合物的含量在每 100 克 0.06～0.5 毫克范围内，主要有杨梅黄酮、3-甲醚杨梅黄酮、3′-甲醚杨梅黄酮及三粒小麦黄酮。法国的向日葵花蜜中的黄酮类化合物占到总酚含量的 42%，主要有短叶松属素、白杨素、生松素、高良姜素和槲皮素。

　　蜜源植物的产地也会影响到蜂蜜中黄酮类化合物的种类。北半球所采集的蜂蜜，其所含的黄酮类化合物主要来自蜂胶，赤道地区和澳大利亚蜂蜜中的黄酮类化合物则主要来自蜜源植物的花粉和花蜜，因此，研究蜂蜜中黄酮类化合物的组成有助于确认蜂蜜的产地。但目前的数据还不足以判定蜂蜜的来源，仍需要进行深入研究。近年来，利用蜂蜜中黄酮类化合物来鉴别其植物源的研究越来越引起人们的关注，Ferreres 等人发现橙皮素和甲基苯甲酸可以用来鉴定柑橘蜜。Martos 等人利用杨梅黄素、木樨草素和毛地黄黄酮 3 种特征的黄酮类化合物来确定欧洲的桉树蜜。

尽管人们从蜂蜜中检测出了大量的黄酮类化合物，但由于其含量较低，且受环境等因素的影响，将蜂蜜中的黄酮类化合物用于质量控制仍需要进行大量细致的工作。随着检测技术的不断提高，蜂蜜中黄酮类化合物的定性和定量分析可能成为鉴别蜂蜜种类和真伪的有力手段。

（二）蜂蜜中酚酸类化合物的研究进展

酚酸类化合物包括苯甲酸、肉桂酸及其衍生物，广泛分布于植物界中，最常见的酚酸类化合物包括咖啡酸、原儿茶酸、p-香豆素酸和阿魏酸等。酚酸类化合物在调节植物生长和代谢、抵御病害虫入侵等方面具有重要的作用，大多数具有确切的药理活性和药用价值。苯甲酸和肉桂酸以及它们的酯是蜂蜜中最常见的酚酸类化合物。根据蜜源植物的不同，每100克蜂蜜中酚酸含量在10～1 000微克。研究发现，不同种类的单花种蜂蜜所含酚酸的种类存在较大差异，如石楠花蜜中主要含有鞣花酸，它可以用来鉴别埃里卡型石楠花蜜。栗子蜜、熏衣草蜜、向日葵以及阿拉伯树胶蜜中主要含有羟基肉桂酸、咖啡酸、香豆酸和阿魏酸。新西兰的麦芦卡蜜中没食子酸含量最高，可以作为麦卢卡蜜的一个标志。Cabras 等人发现，杨梅树蜜中含有较高浓度的尿黑酸，在其他任何单花蜜中无此类酚酸类化合物，因此尿黑酸可用来鉴别杨梅树蜜。另外，油菜蜜中被鉴别出含有苯丙酸和高含量的丁香酸甲酯，荞麦蜜中有高含量的4-羟基苯甲酸，而无苯乙酸，刺槐蜜中只存在丁香酸甲酯。

目前，对蜂蜜中酚酸类化合物的研究主要集中在澳大利亚、新西兰及欧洲的一些国家。我国是蜂蜜生产大国，蜂蜜种类多、产量大，很有必要深入开展中国蜂蜜中酚类化合物组成、含量及生物功能方面的研究，为从微观了解蜂蜜的质量提供依据。

（三）蜂蜜中的美拉德反应生成物

美拉德反应又称羰氨反应，是指羰基和氨基经缩合、聚合反应生成类黑色素的非酶促褐变反应，多发生在食品加工和储存过程中。美拉德反应机制复杂，其反应进程和产物不仅与反应物种类有关，而且还与反应温度、pH、时间以及反应体系的相态等相关。美拉德反应主要包括 3 个阶段，其中除了最终阶段生成的一些高分子化合物，如蛋白黑素外，还有一系列中间阶段的产物——还原酮及挥发性的含氮、含硫杂环化合物。研究表明，这类物质具有一定的抗氧化性能，其中某些物质的抗氧化活性可以与食品中常用的抗氧化剂相媲美。

蜂蜜在储存和热加工过程中，会产生大量美拉德产物，如羟甲基糠醛，使蜂蜜的颜色加深，抗氧化能力增强。热加工对蜂蜜抗氧化活性的影响较大，在一定的温度范围内，随着加热温度的升高和加热时间的延长，蜂蜜的抗氧化活性增强。Nihal 将蜂蜜在 50℃、60℃和 70℃条件下分别加热 12 天，发现蜂蜜的抗氧化活性均显著增强，且温度越高，抗氧化活性增强越快。而储存时间对蜂蜜抗氧化活性的影响与蜂蜜种类有密切的关系。在 Frankel 等人研究的 14 种蜂蜜中，柑橘蜜和草莓蜜随着储存时间的延长抗氧化能力有所上升，鼠尾草蜂蜜、大豆蜜和蓝果树蜜经过一年的储存，其抗氧化能力反而降低了 10% 左右。目前，对蜂蜜中美拉德反应产物的研究，多集中在热加工和储存过程中蜂蜜抗氧化活性的变化方面，缺乏对蜂蜜美拉德反应产物的鉴别及安全性评价方面的研究。

（四）蜂蜜中的其他抗氧化成分

蜂蜜中的抗氧化成分除了黄酮类、酚酸类等多酚类化合物、美拉德反应产物等，还含有一些酶类物质、维生素、类胡萝卜素、氨基酸、蛋白质、有机酸等。其中酶类物质包括过氧化氢酶、葡萄糖氧化酶、过氧化物酶，维生素主要是抗坏血酸和维生素 E。这些物质虽然在蜂蜜中的含量很低，但对蜂蜜抗氧化能力的贡献以及对人体健康的作用不容忽视。

蜂蜜自古以来就是人们十分喜爱的食物，而且对一些疾病有较好的治疗和预防作用，蜂蜜中天然抗氧化成分是其发挥保健功能和药理功能的主要物质基础。目前，国外许多学者对世界各国蜂蜜中抗氧化活性成分进行了深入研究，然而，我国虽然拥有丰富的蜂蜜资源，但对蜂蜜中的抗氧化成分研究甚少。由于我国已将蜂蜜列为既是食品又是药品的物品名单中，这就需要对我国蜂蜜中抗氧化成分进行深入研究，为揭示蜂蜜的保健功能和药用价值，充分开发利用这一宝贵的资源提供依据。

四、蜂蜜对烫烧伤治疗的研究进展

烫烧伤一般是指有机体因直接接触高温物体、刺激性化学物质或者受到强烈的热辐射时所引起的组织损伤，烫烧伤属常见外科体表创伤，是严重危害身体健康的外伤性疾病，若不能及时治愈会造成创面感染或过早使用收涩药造成创面干涸结痂，痂下再次蓄脓，使疮面愈合速度变得更慢，感染进一步加深，给患者带来极大痛苦。

蜂蜜作为天然的抗菌、消炎物质，用于烫烧伤的治疗具有悠久的历史。公元前 2000 年，在苏美尔人最古老的铭文中记载了一个用蜂蜜治疗伤口的处方：将蜂蜜与粉状河泥加水和普通松油等混合后可覆于创面和创伤周围。古代埃及人则把油脂和蜂蜜涂在亚麻纤维上作为创伤膏使用。公元前 1550 年，古埃及的药典埃伯斯莎草古卷 *Ebers papyrus* 记载的大约 147 个外用的消炎栓剂。古埃及的另一部医学著作史密斯莎草书 *Smith papyrus* 中也有蜂蜜可用于促进创伤口愈合的记载。古印度的药典中也有关于蜂蜜疗效的记载，认为蜂蜜可用于各种创面外部感染的治疗，对体外创伤的愈合和创面的清洁也有一定的疗效。

在现代医疗中，蜂蜜更因其高效的消炎抗菌作用被广泛用于各种体表创伤的治疗，尤其是对烫烧伤的治疗，蜂蜜具有去腐排脓，消肿止痛，促进创面伤口愈合的作用。

（一）蜂蜜治疗烫烧伤的物质基础和作用机理

蜂蜜的主要成分为糖类，含量为 $60\%\sim80\%$，主要是葡萄糖和果糖，蔗糖含量较少，低于 8%。蜂蜜水分含量较少，为 $16\%\sim25\%$。蜂蜜中还含有多种无机盐、维生素和有机酸，含量在 5% 左右。另外，蜂蜜中还含有果糖氧化酶、葡萄糖氧化酶、淀粉酶、还原酶、溶菌酶等。在蜂蜜的所有组分中，有机酸和各种氧化酶的生物活性是蜂蜜消炎杀菌必需的物质基础。

国内外研究表明，蜂蜜可通过控制创面感染、提供创面营养、清除坏死组织、抗炎、调节创面愈合相关细胞因子以及提供"湿性"环境等多条途径促进创面愈合。蜂蜜对于烫烧伤创面的抗菌消炎作用的机理虽然不尽相同，但总体来说可以归结为两个方面：一是蜂蜜自身的理化性质——黏滞性、高渗透性和酸性环境，二是蜂蜜中的天然抗菌成分——过氧化氢和非过氧化氢类物质。

1. 蜂蜜中的糖类及其抗菌机制

天然蜂蜜含糖量高达 60% 以上，含水量仅为 16% 左右，是天然的高黏滞性和高渗透性（渗透压高达 $4\,964.925\sim9\,119.250$ 千帕）溶液。蜂蜜的高黏滞性使得蜂蜜作用于伤口表面时会形成一个天然的保护膜——黏性屏障，从而避免体液流失，防止细菌感染。蜂蜜的高渗透性则有助于蜂蜜自身从伤口中吸收脓水，净化伤口表层，同时蜂蜜的高渗特性对于大多数微生物的生长而言是不利的，仅有少数霉菌和酵母菌能在 $60\%\sim80\%$ 的高渗糖溶液中生长，因此，蜂蜜提供的高渗环境可使伤口表面的细菌细胞脱水，造成细菌细胞的生理性干燥，进而使原生质体收缩、质壁分离，最终使得细胞死亡，从而达到延缓病原菌生长甚至完全灭菌的效果。

2. 蜂蜜中的酸类及其抗菌机制

天然蜂蜜中含有的多种有机酸（如柠檬酸、苹果酸、酒石酸、乳酸等）和部分无机酸，使得蜂蜜本身具有较低的 pH，其 pH 随蜂蜜种类不同而不同。一般来说，天然蜂蜜的 pH 均小于 4（平均 pH 为 3.9），而多数细菌生长的最适 pH 为 6.5~7.5，这就使得敷用了蜂蜜的创口表面的细菌生长受到抑制，从而达到控制创面感染、促进创面愈合的效果。另外蜂蜜中的部分有机酸如丁香酸和苯乳酸本身对细菌也有较好的抑制作用。

3. 蜂蜜中的酶类及其杀菌机理

蜂蜜中含有多种酶类，如葡萄糖氧化酶、果糖氧化酶、淀粉酶、蔗糖酶、还原酶、溶菌酶等。其中葡萄糖氧化酶氧化葡萄糖时会产生过氧化氢，过氧化氢是蜂蜜中最主要的抗菌成分，过氧化氢可通过释放自身的氧原子，与病原菌细胞中许多酶的活性基团——巯基结合，使酶的化学结构发生改变，进而使酶失活，导致细菌代谢异常，从而在创口表面起到抗菌消炎的效果。蜂蜜中另一种具有抗菌作用的酶是溶菌酶，该酶主要是通过溶解革兰氏阳性菌细胞壁成分中的葡萄糖，造成溶菌现象，起到抑菌作用。有研究表明，不同蜜源、不同浓度的蜂蜜对不同病原菌的抑制效果也不尽相同。

4. 蜂蜜中的其他抗菌物质

蜂蜜中还含有酚类化合物和黄酮类化合物等。酚类化合物来自花粉，会造成病菌细胞膜通透性的损伤，引起细胞膜内活性组分的渗漏，致使菌体死亡。蜂蜜中的黄酮类化合物主要来自蜂胶，黄酮类化合物因蜜源植物不同而种类不同，其抗菌机理也各不相同。天然蜂蜜中还含有未知抑菌成分，Molan 等做了一项对比实验：用天然蜂蜜和同浓度糖溶液同时治疗创伤伤口和溃疡伤口，发现天然蜂蜜治疗创伤伤口和溃疡伤口具有治疗时间短、痊愈率高的特点，其主要原因在于蜂蜜中含有的未知抗菌物质在起作用。

（二）烫烧伤的临床应用进展

蜂蜜用于现代医疗的临床病例最早有记录的是在 1933 年，Philips 将蜂蜜用于烫伤治疗并且认为这是最好的天然外敷药物。在 1937 年 Voigtlander 用蜂蜜去治疗烫伤，结果表明，蜂蜜有助于缓解伤口疼痛，减轻病人的痛苦，另外在烧伤的动物模型的研究中，用蜂蜜敷治的伤口表面较之对照组的动物创面愈合更快。同时，伤口表面金黄色葡萄球菌的感染几率较之对照组更小，伤口表面的炎症也有所缓解。

随机对照临床试验已证明，蜂蜜治疗法较之磺胺嘧啶银（烧伤常用药）在表层烧伤和深层烧伤中有显著的快速愈合作用。在表层烧伤和Ⅱ度烧伤中，蜂蜜比磺胺嘧啶银和其他治疗药物在控制伤口感染方面更有效。烧伤创面自由基活动的增加，会导致脂质过氧化作用，使伤口表面成疤和挛缩，而在烧伤早期敷用蜂蜜治疗，可以除去伤口表面自由基，从而降低疤痕形成和挛缩发生的概率，有助于减少伤口表面褪黑素的产生。另外，在换药期间，蜂蜜疗法能够缓解伤口疼痛，减少炎症，促进健康肉芽的形成，其优势也是显而易见的。

Subrahmanyam 对 104 例表层烧伤的病人用蜂蜜、磺胺嘧啶银和一种叫 opsite 的烧伤药物作比较性治疗，发现蜂蜜是治疗烧伤的理想敷料。不仅能缓解痛感，而且很少留下肥厚的伤疤及烧后的挛缩。由此可见，蜂蜜是治疗烫烧伤的上选药物和理想的创面敷料，用蜂蜜作创面的敷料，蜂蜜对烧伤伤口的治疗作用优于磺胺嘧啶银。另外，蜂蜜治疗组的伤口痊愈（平均病程 15.4 天）早于磺胺嘧啶银治疗组（平均病程 17.2 天）。

治疗过程中，血清过氧化脂质水平升高，而蜂蜜能够抑制脂质过氧化作用（蜂蜜治疗组的丙二醛值的下降显著），有助于伤口的快速愈合。

蜂蜜用于儿童烫伤的治疗也有相关临床应用，Bangroo 等对 64 例不同程度、不同部位烫伤的儿童进行随机分组治疗，一组用蜂蜜治疗，一组用磺胺嘧啶银治疗。结果发现，尽管不同病人从烫伤到接受治疗的时间上有显著差异，但总体上蜂蜜治疗组病人愈合的平均病程短于磺胺嘧啶银组，其肉芽形成时间也较之药物组要早，感染病例远小于药物组，且用蜂蜜治疗的过程中无过敏反应。

国内也有不少临床应用实例。王树金等报道，取无菌干纱条，浸透蜂蜜敷盖创面，治疗各类化脓性创面 297 例，可见创面分泌物逐渐减少，新鲜上皮形成加快，疗效显著。余金牛等用蜂蜜治疗创面和烧伤创面 1 363 例，平均病程 14.5 天，总有效率 97.5%，疗效显著，优于单用抗生素治疗的 635 例对照病例。柴志强对 100 例面部Ⅱ度烫伤的门诊患者采用自制的蜂蜜鸡蛋油进行创面外敷，深Ⅱ度烫伤在 3 周内完全愈合，100 例全部治愈且不留疤痕。詹行楷等对 26 只角膜碱烧伤的白兔用 20% 的消毒蜂蜜滴眼，角膜上皮愈合情况比用生理盐水滴眼的对照组愈合效果显著，角膜水肿的消退也非常显著。邓武边对 3 例深Ⅱ度烧伤后创面经久不愈的患者用蜂蜜外敷治疗一个月后痊愈。苏忠和对 24 例烧伤面积 3%~30%，烧伤深度为Ⅰ~Ⅱ度患者采用混入蜂蜜的合剂涂于创面治疗，浅度烧伤 3~5 天开始生成新肉芽，而大面积深Ⅱ度烧伤 4~6 天脓汁完全消失，用药 6~20 天所有病例痊愈。

总之，蜂蜜不仅具有较高的营养价值和一定的保健功能，而且是一种具有抗菌消炎效果的天然药物，对难愈创面和烫烧伤创面的治疗效果明显优于普通药物，具有无毒副作用、无药物依赖性、价格便宜及来源广泛等优点，越来越受到人们广泛

的应用。目前，尽管国内外已有不少学者对蜂蜜的抗菌消炎成
分和药用机理进行了研究，蜂蜜用于烫烧伤的治疗的临床应用
在国内外也均有报道，然而蜂蜜的治疗机理仍然不是很清楚。
因此，要加强其治疗机理方面的研究，为蜂蜜临床应用和与蜂
蜜相关的创面药物开发提供依据。

第五章

常见问题解答

一、蜂蜜是食品还是药品

这个问题本身就是一种误导，蜂蜜既是食品也是药品。我国卫生部曾确定并公布过几批既是食品又是药品的物质名单，第一批名单中就有蜂蜜。众所周知，蜂蜜是营养价值很高的天然食品，自古就有食用蜂蜜的记载，大约在公元前 7000 年的石器时代，在西班牙东部山区瓦仓西亚的一个岩洞里，有一幅壁画，画中就是一个取蜜的人。可见，在很久很久以前人们就已经知道食用蜂蜜了。现代营养学家借助先进的研究手段，进一步认识和阐明了蜂蜜的营养价值。蜂蜜是葡萄糖以及果糖最集中的食品，人们食用后很容易被吸收进入血液，运送到机体各部位，成为脑细胞和其他组织器官能量供应最快最佳的来源，尤其是对于脑力劳动者。蜂蜜中除了含有大量的单糖外，还有多种维生素、酶类、有机酸、微量元素等，这些成分赋予了蜂蜜更高的营养价值。

这小小蜂蜜酿造的琼浆，不仅仅是美味的食品，更是食疗的佳品。中医讲究"医食同源，食药同用"，蜂蜜就是药食同源最好的材料。用好蜂蜜，小材料可以发挥意想不到的大作用。

二、什么是巢蜜，这是不是一种质量更好的蜂蜜产品呢

蜂农们都有食用蜂巢蜜的习惯，其实巢蜜就是将蜂蜜连同盛放蜂蜜的蜂巢一起作为食品食用，天然的巢蜜确实是完美、高档的蜂蜜产品。

与分离蜜相比（分离蜜就是将蜂蜜从蜂巢中取出的蜂蜜），巢蜜具有以下特点：①巢蜜就像口嚼糖，嚼之有物，允之有味，甘美爽口，食用时很舒服。②巢蜜一般都封盖，水分含量低，蜜稠味正，营养价值高，质量好。巢蜜富含果糖和葡萄糖，还有比较均衡的酶、维生素、矿物质、氨基酸、抗生素和芳香物质，是一种老幼皆宜、甘甜可口、营养丰富、防病治病、强身健体、抗衰老的保健品，已被日益众多的人认识和喜爱。③巢蜜兼蜂巢和蜂蜜两者的药理作用，且比单独食用蜂巢美味可口。

现在，市场上也有巢蜜销售，价格也较普通蜂蜜要高，但是否是真的巢蜜，还是需要判断的，所以消费者在选购巢蜜时，还是应该到更正规的蜂产品专柜进行选购。

三、蜂蜜也有生、熟之分吗

蜂蜜没有"生""熟"之分，只有"成熟蜜"和"未成熟蜜"之分。这里的"成熟"和"未成熟"与一般我们理解的"生""熟"有本质的区别。所谓成熟蜜是指蜜蜂采集花蜜后，加进其唾液腺分泌物装到巢房中，经过充分酿造、排出水分，使含水量降至20%以下，并使蔗糖充分转化为单糖，使葡糖糖和果糖的含量达70%以上。然而采回不久的花蜜未经充分酿造，含水量在21%以上，蔗糖也未得到充分的转化，这就是"未成熟蜜"。蜂蜜并不能像其他食品一样，用蒸、煮、煎和烤的方法进行加热熟化，这样会破坏蜂蜜中的许多生物活性

物质。

蜂蜜虽然没有"生""熟"之分，但蜂蜜在中药上的应用，按其用途可分为生用和熟用。李时珍在《本草纲目》中阐述蜂蜜的药用功能时指出："生则性凉，故能清热；熟则性温，故能补中……"生用是指直接食用，多口服，如用于润肺止咳，治疗老年人病后虚弱的便秘，或作为营养滋补品强身健体，以及外用于烫伤等；熟用则是将蜂蜜炼制后，用于蜜炙、制丸和收膏，补中益气。

蜂蜜的成熟度越高，蜜中的水分含量越少而营养成分和活性成分越丰富，因此成熟度对于蜂蜜是个至关重要的指标。而且临床验证，半成熟蜂蜜即使在加工中进行减压浓缩，其治疗作用也会有所下降，和天然成熟蜜不能相比。

四、单花蜜好还是杂花蜜好

单花蜜，顾名思义是蜂蜜来自于单一的蜜源植物，杂花蜜也称为百花蜜，是多种花蜜混合而成的，可以是蜜蜂在同一时期从几种不同的植物上采集的花蜜经酿造后混在一起的蜂蜜，也有的是储存或加工中人为将两种以上的蜂蜜混合在一起的。

单花蜜因品种不同，其质量和性状特点尤为显著，被列为一等蜜的刺槐蜜，呈水白色或白色，有槐花香味，清澈透明，一般纯的槐花蜜不会结晶。槐花蜜性清凉，有舒张血管、改善血液循环、防止血管硬化、降低血压等作用。常服此种蜂蜜能改善人的情绪，达到养心安神的效果。枣花蜜是二等蜜，琥珀色，透明，黏稠状，甜味较浓，结晶后为粗粒状。枣花蜜含丰富的维生素C，具有补中益气、养血安神之功效。适宜于中气不足、脾胃虚弱、贫血、体倦乏力者。可见，单花蜜具有单花蜜独特的功效。但是从营养价值看，百花蜜并非比单花蜜差，甚至优于单花蜜，但其销路并不畅，并且价格偏低。

五、哪种蜂蜜更好呢

当消费者在选购蜂蜜时，面对琳琅满目、价格不一有着精美包装的蜂蜜产品时，不知道该选何种。目前市场上常见的蜂蜜品种主要有洋槐蜜、荆条蜜、荔枝蜜、枣花蜜、椴树蜜、油菜蜜等，不同的蜂蜜品种颜色、气味均不相同，而我国关于蜂蜜的等级也是根据蜂蜜的颜色和气味制定的，但是蜂蜜的等级并未完全体现不同种蜂蜜所特有的保健功效，除了共性的保健功能外，各种蜂蜜的保健功能都与其蜜源植物相关。如益母草蜜：蜜色浅，味淡，口感较好，冬天仅有轻微结晶。益母草蜜具有活血调经、利水消肿，治疗月经不调、痛经、产后恶露不尽，亦适用于水肿、小便不利等症。

六、放久的蜂蜜胀起来是怎么回事呢

有时发现盛蜂蜜的塑料瓶子胀鼓了，稍拧松瓶盖便能听到"噗"或"砰"的放气声。摇动蜜瓶，蜂蜜会像啤酒一样从瓶中溢出来。这是怎么回事呢？这就是蜂蜜的发酵酸败，蜂蜜发酵后，蜜汁苍白且浑浊，失去固有的滋味，并带有酒味和酸味，蜜汁变得更加稀薄，同时出现大量泡沫。未成熟的蜂蜜，含水量较高，这样有利于酵母菌的生长繁殖。酵母菌在蜜中大量繁殖，就会将蜜中的糖分分解成酒精和二氧化碳，表明蜂蜜发酵了。蜂蜜含水分过多，糖的浓度及其他抑菌成分浓度相对降低，抑菌能力随之降低，在适宜的温度时，蜂蜜中的酵母菌就会大量繁殖，使蜂蜜很快发酵变质。发酵后的蜂蜜，酸度增加，品质变劣，营养成分和风味受到破坏，发酵越严重，破坏程度也就越大。

如何才能防止或是补救蜂蜜发酵呢？轻度发酵的蜂蜜，应隔水加热到62℃左右，保持30分钟，这样就可以除掉酵母菌，漂去上面的泡沫，然后再装桶密封保存。蜂蜜经过受热，不管是感官品质还是营养品质都会下降。所以消费者在购买蜂蜜时一定要选成熟蜜，另外将蜂蜜放在冰箱中保存可防止发酵。

七、蜂蜜为什么会结晶，是因为掺了白糖吗

很多人都有这样的经历，买回家的蜂蜜到了冬天温度下降的时候，下面就结成块了。很多消费者就会产生一个疑问，下面的部分会不会是掺入的白糖呢？其实这是蜂蜜的一种正常的物理变化。蜂蜜中含有大量的葡萄糖，葡萄糖具有易结晶的特性，在较低的温度下，蜂蜜放置一段时间，就会逐渐结晶。影响蜂蜜结晶的因素有很多，比如温度、水分以及种类。紫云英、洋槐、枣花蜜由于果糖含量高而不易结晶，而油菜、棉花蜜等就容易结晶。蜂蜜的结晶部分的含水量仅 9% 左右，失去的那部分水就到了上面稀薄的蜂蜜层了。结晶的晶体是葡萄糖，并非是掺入了白糖，真正掺入白糖的蜂蜜其实是不易结晶的，能够自然结晶的蜂蜜才是纯正的蜂蜜。

蜂蜜结晶感官品质下降，还会给人产生变质的疑虑。其实，蜂蜜结晶就像水变成冰一样，是一种物理变化，并非化学变化，对其营养和应用价值毫无影响，更不会影响食用。消费者都喜欢购买液体状态而没有结晶的蜂蜜，但是绝大多数蜂蜜都具有结晶这一物理特性。工业化解晶的方法是把蜂蜜加热到80℃，然后移到凉水中，不断搅拌迅速冷却到50℃以下，这样处理后的蜂蜜经半年以上不会结晶。波兰一位专家发明了一种很简单的解晶的方法，将蜂蜜在 40℃时进行恒温加热 5～8小时，使结晶的蜂蜜硬块逐渐软化，再将软化后的蜂蜜放入不锈钢均质锅中，在 40℃恒温水浴中搅拌均质 2～4 小时，除去杂质和上层的泡沫，即可得到透明澄清的液体蜂蜜。这种处理方法将温度控制在类似蜂巢的温度，因此不会改变蜂蜜的天然成分组成。

八、放久了的蜂蜜还可以食用吗

蜂蜜的保质期一般都是两年，可是经常会由于各种各样的原因未能及时食用，等到发现时结果已经过期了，可是看看瓶里的蜂蜜还是好好的，那么这种久置的蜂蜜还能食用吗？1913年美国考古学家在埃及金字塔古墓中发现了一坛蜂蜜，鉴定这坛蜂蜜已经历时3 300多年了，而且并没有变质，还可食用。所以，真正成熟的蜂蜜久置后仍能食用，并没什么严格的保质期。

所以久置的蜂蜜只要没有变质，是可以食用的，但是营养价值与新鲜蜂蜜相比会差些的。

九、食用蜂蜜会发胖吗

现代社会，人们越来越注重饮食的健康。由于饮食结构不合理，肥胖人是越来越多了，众所周知，多吃糖会使人发胖，那么吃蜂蜜也会发胖吗？尤其是要想保持身材的女性，可以放心的食用蜂蜜吗？

白糖中主要是蔗糖，蔗糖不能被人体直接吸收，必须分解成单糖后才可被利用，如果有剩余就会转化为脂肪，导致发胖。而蜂蜜的主要成分是葡萄糖和果糖，葡萄糖和果糖是人体可以直接吸收的单糖，它们可以从胃运送到血液中，变成能量，很快地消除疲劳。由于血糖值的上升，空腹感也就立即消失了。不仅如此，蜂蜜性和，润肺润肠，是优质单糖，还含有丰富的维生素以及矿物质等，常食蜂蜜可以改善便秘与平衡血糖，不会导致人体发胖。当然，如果是无节制地过量服用，那就另当别论了。

十、绿茶可检测蜂蜜中的有害重金属吗

我在做蜂产品知识宣传的时候，曾经遇到过这样一件事。

有一位观众朋友，平时既不抽烟也不喝酒，但有一个爱好，就是喜欢喝茶。一天，他沏了一杯绿茶，喝了几口之后，无意中看见放在食品架上的一瓶蜂蜜。他突发奇想：蜂蜜味道香甜可口，还能滋补，绿茶呢，清热解毒，抗菌消炎，如果往绿茶中放点蜂蜜，效果会怎么样呢？想到这儿，他决定试一试。用勺子舀出满满一勺的蜂蜜，倒入茶杯中，然后轻轻搅动，让他没想到的是，顷刻间，茶水变混变色，之前透亮的绿色茶水变成了深褐色。看着浑浊的蜂蜜绿茶，这位朋友满腹疑惑，这是怎么回事？

他决定上网查一查，看看这到底是起了什么反应。可谁知这一查，更让他感到困惑！网上有人说，这种变化是正常的，也有人说，蜂蜜和绿茶不能混在一起喝。但更多的是说这是一种检测蜂蜜有无重金属污染的方法，如果茶水不变色，表明蜂蜜没有污染，如果茶水变色，表明蜂蜜已受到对人体有害的重金属污染，茶水越黑，污染越厉害。看着面前深褐色的茶水，他开始嘀咕：莫非这瓶已经喝了一多半的蜂蜜是有问题的？我们到底如何解释这些现象呢？

首先，蜂蜜本身就是一种药食同源的食品，就跟我们平时吃蔬菜一样，我们不加热，或者给它低温加热，这样营养价值最高，稍微加热也没关系，加热以后会破坏一些营养成分，但是也没有什么有害的作用。蜂蜜最好不要跟茶水一起饮用，为什么？因为蜂蜜是偏酸性的物质，茶是偏碱性的物质，它们会有一定程度的酸碱中和反应，这样容易使一些营养物质遭到破坏。

其次，茶水中的茶多酚跟蜂蜜中的其他元素之间会发生各种各样的反应，还有各种离子之间的络合反应，会产生颜色，会产生褐变，这些褐变的产物都不利于我们对营养物质的吸收，并且把蜂蜜和茶的营养价值破坏了。但是否就不能喝了呢？也不是。不过是破坏了营养成分。我们在餐厅常能吃到香脆可口的烤鸭，大家知道烤鸭的外皮为什么那么诱人吗？就是因为涂抹了蜂蜜，然后又烤，产生了诱人的颜色和香味，这是焦糖化反应，也是对蜂蜜营养的极大破坏，但我们少量食用，并无大碍。

再次，蜂蜜和茶水放在一起引起变色，的确与金属离子有关，也与某些重金属离子有关，那么重金属是否都有害呢？不是的。如锌、铁、硒、碘、钼和铜等都是我们人体所需要的微量元素。所谓有害重金属我们通常是指铅、镉和汞等物质的污染。

最后，绿茶可检测蜂蜜中的有害重金属吗？答案是否定的，不能。为了更具说服力，我们拿着观众朋友那杯变色的蜂蜜绿茶在农业部蜂产品监督检测测试中心进行了金属离子检验，检测出了钠、钾、铝、锰、铁、锌等人体所需的矿物质，没有检出有害重金属，完全符合国家规定的安全指标。重金属的检测，目前没有简单的方法，只有到专业机构做科学检测。在这里值得一提的是，由于蜂蜜是弱酸性的液体，能与金属起化学反应，所以，在储藏运输过程中，千万不要用金属容器，尤其是含铅、镉等有害物质的金属容器。如果接触到这些金属后，会发生化学反应，就容易受到污染。所以，蜂蜜应采用非金属容器，如陶瓷、玻璃瓶、无毒塑料桶等容器来储存。

参 考 文 献

曹联飞，胡福良，2011. 蜜蜂属分类研究现状及进展 [J]. 蜜蜂杂志，
　（12）：4-7.

陈有民，1988. 园林树木学 [M]. 北京：中国林业出版社 .

董捷，闫继红，孙丽萍，2003. 无公害蜂产品加工技术 [M]. 北京：农
　业出版社 .

董捷，闫继红，石巍，2004. 蜂蜜、蜂王浆加工技术 [M]. 北京：金盾
　出版社 .

龚一飞，张其康，2000. 蜜蜂分类与进化 [M]. 福州：福建科学技术出
　版社 .

何晓燕，包志毅，2005. 英国引种家威尔逊引种中国园林植物种质资源
　及其影响 [J]. 浙江林业科技 .

李无忌，2007. 健康启示录 [M]. 北京：中国广播电视出版社 .

唐文吉，唐文奇，2007. 思考中药 [M]. 北京：学苑出版社 .

吴燕如，2000. 中国动物志 . 昆虫纲，第二十卷 . 膜翅目：准蜂科-蜜蜂
　科 [M]. 北京：科学出版社 .

尹艳，靳佩，李永福，2012. 王孟英《随息居饮食谱》中的食疗养生思
　想 [J]. 长春中医药大学学报，28（6）：948-949.

叶振生，许少玉，刁青云，2001. 蜂国奥秘 [M]. 北京：中国农业大学
　出版社 .

武建勇，薛达元，赵富伟，2013. 欧美植物园引种中国植物遗传资源案
　例研究 [J]. 资源科学，35（7）：1499-1509.

[德国] 于尔根·陶茨，2008. 蜜蜂的神奇世界 [M]. 苏松坤，译 . 北
　京：科学出版社 .

朱明元，周光宇，林茜，等，2002. 蜂蜜对小白鼠脂质过氧化影响的研
　究 [J]. 中国公共卫生，18（3）：264-265.

参 考 文 献

Almahdi Melad ALJADI, Kamaruddin mohd, YUSOFF. 2003. Isolation and identification of phenolic acids in Malaysian honey with antibacterial properties [J]. Turk J Med Sci, 33: 229-236.

Fallico M, Zappa E, Arena A. , 2004. Verzera effects of conditioning on HMF content in unifloral honeys [J]. Food Chemistry, 85: 305-313.

HEPBURNH R, RADLOFF S E, 2011. Honeybees of Asia [M]. Berlin: Springer- Verlag.

MAVRIC E, WITTMANN S, BARTH G, et al, 2008. Identification and quantification of methylglyoxal as the dominant antibacterial constituent of Manuka (Leptospermum scoparium) honeys from New Zealand [J]. Molecular Nutrition & Food Research, 52 (4): 483-489.

N. Sahinler, S Sahinler, A Gul, 2004. Biochemical composition of honeys produced in Turkey [J]. Journal of Apicultural Research, 43 (2): 53-56.

Paula B, Andrade M, Teresa Amaral, et al, 1999. Physicochemical attributes and pollen spectrum of Portuguese heather honeys [J]. Food Chemistry, 66: 503-510.

Turlcmen N, Sari F, Ender S, et al, 2006. Effects of prolonged heating on antioxidant activity and colour of honey [J]. Food Chemistry, 95: 653-657.